小白領職場 夾殺求生術

職場溝通專業講師 **陳青**／著
Deborah C.／圖

別以為找到工作就是美好的開始，
留得住工作而且做得愉快才是學問！

Recommendation Letter in Support of Deborah (Chen Chin)

I have known Deborah for around five years, as she was a student of mine at Central Queensland University when I was lecturing there to post-graduate students. Deborah has always had a great talent not only for university work, but with her pursuits outside of university, which have included writing. Deborah always approached her studies with enthusiasm, and was always willing to learn something new. It wasn't always easy for her studying in a new country, in a new language. I understand a little of how she feels, as my family migrated to Australia from The Netherlands when I was 11 years old; I also had to learn English!

Not only did I arrive from another country and had to learn the language, but I left school at 16, but have almost completed my fifth Masters degree and most recently was a candidate for election to the Tasmanian parliament. I understand therefore the issues that people have in studying and working their way through life! Deborah did an amazing job in not only understanding the language, but also in taking part in her studies individually and in groups. Deborah always had something to contribute, which was an important part of studying. Deborah did her best to assimilate into the Australian culture, and it was a privilege for me to get to know Deborah a little better, including some of the concerns she had studying and looking for work. Deborah kept a positive outlook, which is important. She also shared with me her passion for writing, and I believe she is very talented in this area and will have a great future. So not only is Deborah well educated and excellent in business, she has many outlets for her knowledge and creativity.

Australia is a very beautiful country, and its people are very friendly to everyone. Those people from Asia who would like to study here are always welcome! The Australian way of life is quite relaxed and open, and many people like to socialise. For a new student it is a good idea to take part in some of these activities, and become a temporary Australian – it will be much easier to fit in!

The learning of a new language for anyone is difficult, and especially so for students from Asia hoping to study here. However, if they prepare themselves a little by learning some English before they get here, including pronunciation, it will make the process much smoother and easier when they get here. Perhaps having a 'study buddy' to practice English with, would be a great idea!

The other thing to remember is that in Australian universities a lot of emphasis is placed on the correct referencing system to use. Many students lose many marks because they do not adequately acknowledge work belonging to other authors by making reference to this. Because of their limited English, they are also tempted to copy large portions of information, and paste these into their assignments; this is not accepted practice here. The main thing for students is to always write assignments using their own thoughts. It is less important for grammar and spelling to be 100% accurate, but it is more important that information written by other people is properly referenced. Some students find it difficult to put their thoughts into English. I've also found that some translators do not translate sentences well from Mandarin to English, so too much reliance on hand-held or on-line translators can be problematic!

Students from Asia have much to contribute to Australia as well. They have a different perspective of life and learning, and this can be passed on to people here. As a lecturer, I was always fascinated by the stories and culture that international students brought with them; I learned much about different culturesthat I could use in my lectures and even my own life.

To conclude, I have been very privileged to have known Deborah for so long! She has been an inspiration to me in how she has approached life, as well as the different cultures she has experienced. She is very talented and has a lot to offer, so I hope that the people that will read her contributions will benefit richly from this!

René Kling
FCIPS AFAIM
LLM, Me-Commerce, MBA, MBus (Logistics), MAITD
General Manager
Supply Chain Management Education Australia
Sessional Lecturer, Central Queensland University 2002-2010

Supply Chain Management Education Australia - ABN 97 7651 631 140
Hobart: Suite 210, 86 Murray Street Hobart TAS 7000 Phone: 03 6223 8000
Postal: G.P.O. Box 104 Hobart TAS 7001
Fax: (03) 6285 8082 Email: rkling@scmea.com.au
Web: www.scmea.com.au

建立自己的「贏者圈」與「智囊團」

The Australian way of life is quite relaxed and open, and many people like to socialize. For a new student it is a good idea to take part in some of these activities, and become a temporary Australian –it will be much easier to fit in!

——Rene Kling

澳洲的生活方式很放鬆且開放，很多人喜歡參與社交活動。所以對初到澳洲的新學生與新朋友而言，融入他們當地的社交活動，成為一個「暫時的澳洲人」，就能很快適應澳洲的新生活！

——瑞內·克蘭

　　翻譯，多半是作家與譯者彼此不認識，然而，因為克蘭教授跟我的關係，這篇推薦序的翻譯就不採用一般所定義「正規」或「常見」的模式，而是透過原文的引用與作者／譯者間類似「對話」的方式，呈現出克蘭教授與我如何認識以及彼此互動的經歷。

　　克蘭教授是我在MBA修營運管理時的教授，因為欣賞他的博學多聞，學術與實務的深度廣度教學應用，彼此除了師生的關係，私底下，也是朋友。所以克蘭教授知道我在學時擔任中文家教的身分，以及一直想透過文字創作分享一些生活、求學、求職的經驗。

我們之所以會建立私交，有一部分是來自於類似的背景，如他提到：「It wasn't always easy for her studying in a new country, in a new language. I understand a little of how sh—e feels, as my family migrated to Australia from The Netherlands when I was 11 years old; I also had to learn English!」對我而言，在一個新國家，透過一種新語言學習，從來不是一件簡單的事情，他能有某種程度的感同身受，是因為在他11歲時就和家人從荷蘭移民到澳洲。

「在逆境中找尋良機，在順境中預測危機」的戒慎恐懼和與時俱進的學習態度，是我從克蘭教授身上學習到最大的學問，而不是書本上的。如克蘭教授提到：「Not only did I arrive from another country and had to learn the language, but I left school at 16, but have almost completed my fifth Masters degree and most recently was a candidate for election to the Tasmanian parliament.」他不僅是11歲隨家人移民澳洲，還在16歲中斷學校教育，但是，憑著學習的熱忱，他即將快完成第五個碩士學位，還在不久之前被提名參選國會議員。

提到克蘭教授，是希望分享職場小白領一些「建立關係」的觀念。近日筆者到大專院校演講時，會跟學生分享「建立自己的贏者圈與智囊團」的概念，這也是工作者在職場上求上位的關鍵手段。工作者最大的罩門就是自己設限了一個舒適圈還不自知，而往往在舒適圈裡成員都跟自己相去不遠，圈子裡有

大學同學或是同部門成員，例如，讀完碩士的第三年，身邊還有一些同學常常窩在一起討論要做點小生意或是去哪裡打工……，那已經是離開學校三年後了，他們不僅是在原地打轉，討論的話題還是一樣「澳洲工作很難找……」，隨便問其中一位「你有認識澳洲當地人說工作不好找嗎？」答案多半是「沒有啦，澳洲人才不會真正跟我們亞洲人做朋友哩……」

事實證明不是如他們所說或所講，他們求職的障礙是自己的態度，例如，克蘭教授是我求職時的推薦者，澳洲對於履歷上「推薦者」這項目很是重視，一來他們想知道求職者的人際關係，二來是族群融合的能力，還有求學的態度與成績。當同學聽到克蘭教授願意擔任我的推薦者時，也興沖沖地去找他推薦，卻被他一口回絕，克蘭教授跟他說：「我教過的學生上百上千，但我不認識你。」因為這男生上課時總是躲在最後面，也從未在課堂中有任何貢獻，更別說私下有跟教授請益過。澳洲對於「推薦信」是十分重視的，半點造假都不行。

這被拒絕的男生事後定義教授的這種行為是「重男輕女」，卻半點都沒有檢討自己的態度，所以又是另一個三年過了，他還是以他的想法在思考澳洲人的做法，不進入當地人的圈子，不建立自己的「贏者圈」或「智囊團」多去認識和結交當地上班族、老闆、教授……，永遠只是在自己的死胡同裡鬼打牆，這樣，即使出了台灣的國門，還是沒有進到國際裡。

到一個新國度，學一種新語言，過一種新生活，不只是一

個人的事情，有時候，當地的人也會受到我們帶過去的文化、風俗、民情……而認識我們所屬的國家。克蘭教授也提到：「Students from Asia have much to contribute to Australia as well. They have a different perspective of life and learning, and this can be passed on to people here. As a lecturer, I was always fascinated by the stories and culture that international students brought with them; I learned much about different cultures that I could use in my lectures and even my own life.」從亞洲到澳洲的學生對澳洲貢獻很多，亞洲人不同的人生觀與學習態度也會傳遞給當地澳洲人，克蘭教授自己就很著迷於這些異國文化與他鄉的故事，他喜歡把這些文化差異與異國故事應用在教授學業上以及自己的個人生活上。

國家的疆界，在於一個人的眼界。語言不是溝通的障礙，而是，心境，為自己建立贏者圈與智囊團就是打破個人能力與社交限制疆界的做法。

人無須爭頭頂一片天，但求好好過每一天。像個澳洲人 relaxed and open 的慢樂快活——慢慢享樂，快快幹活！

職場戰將V.S.職場愛將

　　當陳青來邀序時，想想自己既沒有光鮮亮麗的學歷，在職場上也沒有響噹噹的頭銜可撐腰，從小作文能力又欠栽培，文學修養也是個半調子，年輕人也不喜歡聽老調常談的嘮嘮叨叨，我憑什麼可以成為這本書的助力呢？反思一下，我這個臭皮匠比各位豐富的就是在職場上打滾了二十幾年遭遇到的辛酸疲憊和身為人力資源主管看遍無數的年輕人來來去去和跌跌撞撞，也許這就是我可以替這本書做最好見證的原因。

　　話說當年也沒有人教我如何去面對職場，父母只交代我們要認真工作和逆來順受，結果證明靠著這兩句交代，我這隻小白兔走入職場叢林後，多年來也可以殺出一條血路，但是walk hard not walk smart。在職場上，無論換幾個工作，我自認從來不是老闆的愛將，都是以「戰將」自居，你們知道差異在哪裡嗎？愛將絕對是放在身邊，偶爾出出主意挖個濠溝就好，戰將可就不一樣囉，戰將絕對是派出去打仗，拚搏難搞的任務和敵人，打贏了回來賞個勳章以聊表辛苦，萬一打輸了，小則賞一丈紅，大則發配邊疆，所以戰勝只為了保住飯碗和性命，千萬別為我嘆息，戰將的生活讓我充滿了朝氣和無數的機會，我已經愛上這種置之死地而後生的感覺，如果你不喜歡戰將的命運，買這本書學學，準能讓你一踏入社會就能自在求生，如

果你喜歡戰將的命運，那更要讀讀這本書，保證能早日榮升將領。

　　我在公司常常主持座談會，和新進的菜鳥聊聊如何可以生存於複雜的組織，短短的時間，我只能提醒大家要眼觀四方、耳聽八方、外加謙虛多問，頓悟到的人可以一路順風，領悟力有待加強的人恐怕真的會半路失蹤（離職），作者陳青用輕鬆的語調寫出具體可行的建議，我非常支持和肯定，給正在把玩而猶豫不決買下這本書的年輕人一個良心的忠告：別鐵齒啊！專業固然必要，會做人更重要，小白兔闖入叢林前，考慮穿個防彈衣吧！！

全球第一封裝測試企業之人資經理 羅潔玉

聰明工作，充分玩樂
Work smart, play hard.

「聰明工作，充分玩樂」。

這是許多上班族的夢想。可惜，多數人都是事與願違，換句話說是「充分工作，聰明玩樂」，例如，在不耽誤工作與不影響年底考核的前提下，抓緊可以放長假時來一趟歐洲十四日遊。

然而，工作與休閒失衡的不知所措者，恐怕是「不明工作，不分玩樂」，常常遊蕩在工作該如何提升與玩樂該如何擴大的不明不白間。這樣的工作者，常是工作時像玩樂，不知道該隨時善用資源精進自己，有空時不是滑手機，就是讀娛樂新聞……，而玩樂時卻只能像工作般地重視細節與精打細算，唱KTV找最便宜時段，天天找朋友團購省運費……。

「不明工作，不分玩樂」與「充分工作，聰明玩樂」之間，或許是種選擇；「充分工作，聰明玩樂」與「聰明工作，充分玩樂」之間，卻是一種提升。

我曾是一位十足的「充分工作，聰明玩樂」信奉者，一直相信「工作與專業」的差異是在時間與熱情的投入程度，例如，我家附近的一家古早味紅茶冰店，打電話去訂外送時，如果是忙碌時間，電話由領時薪的小妹接的，我們的對話是以

下：

　　我：「我要請你們外送？」

　　她會說：「現在很忙，不行喔。」

　　但是，如果是老闆接的電話，老闆會說：「現在是用餐時間，所有餐飲店都忙，我半小時後送過去，可以嗎？」

　　老闆的對話在於服務客戶，而打工者只是說明現況，服務業的精神與本質不就是在於「滿足客戶」嗎？這就是很多人在低薪的工作上只做低報酬的服務品質。

　　我想，我是無心插柳的情況下，在低薪時努力提供高報酬的服務。

　　我剛出社會時，我媽媽跟我說過一句話：「坐人船，要人船行。」（台語）。這話影響我很深，也造就我在往後的十年常常不計自己的付出，只問部門績效或公司利益。回頭去看，我是在壓縮自己的摸索期與成長期，讓自己提早在職場中「還沒當上老闆就知道老闆怎麼想。」

　　「還沒當上老闆就知道老闆怎麼想」這話或許夾帶些許廣告語法，但是，其實在近幾年的顧問與講師工作中，我常常扮演「勞資雙方」的意見協調與資源整合的角色，能雙方摸頭還讓彼此點頭，一定是要能把話說到彼此心裡。例如，我服務的某企業，內部有位科班出身外表出色的視覺企劃正妹，可惜她的視覺專業沒有她的外表正，她常覺得老闆很挑剔甚至高壓，其實，以我多年的企劃經驗，她的老闆對他的要求或許只是

「基本」，但是，我不是這樣跟她溝通，而是告訴她，如果我們自己要花幾百萬做廣告，會不會也很謹慎與精明。

相對地，對於老闆的溝通，只要是具體的市場調查與分析數據，不是以「我都修改了幾十次」的苦勞要來「集點」換「老闆點頭」。

在澳洲工作的經驗改變了我對「工作與玩樂」的比重分配與內容規劃。也是讓我有機會追求成為「聰明工作，充分玩樂」的樂活族。

在BIA（澳洲第一所核發四級簿記證書教育機構，曾在市場最大領導）工作時，週休三日，年休假一個月，加上國假日，其實工作的日子跟放假的日子比例相差不遠。但是，並不是所有企業都是週休三日，所以某種程度而言，我們公司是以四天完成五天的工作量，所以，時間應用與績效產出就顯得更錙銖必較。

我曾經在「自我摸索」某個軟體應用時被我的英國老闆Dennis T當面說過「You just waste your time.」，當我把這經驗分享給身邊的台灣人，幾乎是百分之百都說：「你的老闆好糟糕」。但是，我其實想過「領高薪、創造高績效」或「領低薪、做低貢獻」，我寧可選前者，既然選前者，就是要承受更高標準的檢驗。

那次的經驗讓我自省後學會如何更有效率地「狀況分析」與「問題解決」。

這讓我想起我MBA「營運管理」的荷蘭籍教授Rene K曾說過：「澳洲人一噸一噸地把鐵賣到日本，日本一斤一斤地把鋼鐵賣回澳洲」。工作者，是要像澳洲人賣鐵礦？還是像日本銷售鋼鐵？

我在BIA的成長不只是改變，而是蛻變。從一位領時薪的打工者到營運主管，我想，當時嚴厲而慷慨的Dennis T是我職場成長的導師，他對工作的嚴厲與直言，讓我無須消耗太多無謂的時間才逐步成長，他的慷慨與積極不僅協助我職涯規劃與提供教育訓練，更是在薪資上曾經一年調薪三次。

回到台灣後，重新進入職場時，有許多感觸與感想。本書中分享了許多我經歷的職場現象甚至亂象。工作者無須覺得上班只是因為「為五斗米而折腰」，很多時候，腦袋轉個彎，腰桿就直了！想想怎麼讓自己的工作產出從「鐵」升等到「不鏽鋼」；讓自己從肉身熊貓人進階為鋼鐵人。讓自己從有血有肉與會哭會笑的肉身熊貓人進階到無血無淚、能拼能打的鋼鐵人。

如果小白領一進職場就立志追求「聰明工作，充分玩樂」的工作與生活模式，便可以早早把工作的斷線權奪回來，不再下班時總是被工作糾纏，可以專心地工作，開心地娛樂。

CONTENTS

Chapter 3

★ 職場話術 ★

狗嘴要吐出象牙

Chapter 4

★ 做事要訣 ★
畫蛇添足還加翅

Chapter 5 ★同僚競爭★ 鶴立雞群冒出頭

Chapter 6　專業人員 實話實說經驗談

附錄　求職必勝懶人包

說在前面的「職場型態」與「求職心態」

A Face-off
for Your
Career

職場如戰場？職場如屠宰場？職場如墳場？

從戰場肉搏戰到屠宰場再廝殺到墳場……

職場真是你死我活？你加薪我加班？你升遷我降職嗎？

職場的型態不一，小白領職場求生術的之一：

抱持眼觀四方、耳聽八方、

手心朝上方的請教與請益心態。

菜鳥為什麼菜

一朝被蛇咬，十年怕井繩；這是消極的態度。

一朝被蛇咬，天天玩跳繩；這是積極的態度。

菜鳥在職場上，難免被咬被啃，採取消極或積極態度，可以決定自己向上或向下的職涯發展方向。心態正向，就能朝上攀升。

其實，多數菜鳥都不愛吃菜，因為年紀還沒到要擔心三高，所以通常都不忌口，吃起肉來還一副赴湯蹈火的凶狠樣，這湯這火，湯是火鍋，火是燒烤。

菜鳥之所以菜，是面有菜色？還是行事青菜（隨便）？還是像是七年級生的「草莓族」標籤一樣，都是指「草本」植物？

在職場打滾十幾年，我遇過最可悲的菜鳥是個會英語、德語與日語的國立大學碩士畢業生，還曾經到美國當過國際交換學生。我常笑她說：「全球最大經濟體國家前四強，美國、中國、日本跟德國妳都可以暢行與暢談無阻，當然，還有暢飲，因為在德國體會過把啤酒當水喝而養成好酒量，妳的未來還有什麼好怕的！」

都說去這四大國不用怕，還有什麼可悲。可悲的是她畢竟還是選擇窩在南部親戚的親戚擁有的一個「碗裡蝌蚪」的公司。這碗裡蝌蚪可是比井底之蛙更卑劣與低賤，卑劣的是眼

界，低賤的是從青蛙打回原形，退回水裡。

不知道她是招嫉妒還是招小人，還是招霉運，總之，那是我第一次相信「三分天註定，七分不一定」，那個不一定的成份不是人定就可以勝天的，而是操之在別人。

光從她面試時得罪她未來的直屬上司就知道。既然面試時都得罪人了，怎麼還能順利錄取？壞就壞在她的直屬上司不賞識她，而她的上司的上司卻覺得她是個資優股。如果她是市議員，那她的上司就是市長，她上司的上司就是總統，正所謂的天高皇帝遠，她只是被賞識卻從沒有受重用過。

她的直屬上司常用言語與眼神輕視與污辱她。舉例，她有一次跟上司確認一個專案的大綱，那上司劈頭就說：「妳到底知道不知道什麼叫做大綱？大綱的意思就是妳要自己大約去抓一下綱要。」

拜託，大綱的「大」是大方向的大，不是大概的大，更不是大便的大。此大非彼大。

我還是頭一次聽到這樣的解釋，如果要照字面解釋大綱，就是把大方向的綱要做有系統的條列。生物學裡的「綱目科屬種」雖不是百分之百適用於解釋大綱與目錄的承先啟後與輕重緩急，但是有個方向正確的大「綱」才能衍生出符合主題的「目」錄。先有綱，後有目，同理也可證。

菜鳥的敵人，從頂頭上司到門口守衛，誰都有可能。老鳥要討厭一個菜鳥，不需要用到十二道金牌，也不需要三十六

計，只是一個想法或是一句話就可以將菜鳥定罪。老鳥可以因為菜鳥的星座厭惡他，可以因為他畢業的學校而唾棄他，可以因為他的穿著打扮評論他，更可以因為她只是跟前男友的小三同姓氏而暗傷她。

菜鳥就像是跳棋最後跳到的棋子，能活動的地盤不多了，能卡的位置也少了，好消息是一旦度過了菜鳥時期，就是暗棋了，總是有小圈圈可以混，也知道怎麼靠著小圈圈面對共同敵人，只是，即使是成了老鳥，職場小白領還是會常常摸不清。在暗處究竟有誰在盤算著如何動你。

職場鷹派要給菜鳥「求職如何不菜」的三點建議，第一就是Know what you want 知道自己要什麼，不要像是大補帖，什麼行業任何職務都可做的青青菜菜心態。第二是Be disciplined 要讓自己有紀律，因為如果不能在一開始就業時就養成好的工作紀律，往後的十幾二十年就會因為自己的壞紀律或是無紀律而瞎忙與胡搞。第三是Be flexible 具備彈性，在瞬息萬變的職場生態中，沒有彈性就是慢性職涯自殺。

快一點

多一點

高一點

老鳥常常
「指點」菜鳥

指點多了，
就成了指指點點，
或是只會指使與點名。

職場上的指點……
合理的叫做訓練，
不合理的叫做磨練，
違背常理的叫做鍛鍊，
失去真理的叫做修練，
沒有道理的叫做苦練，
菜鳥啊，要吃得苦中苦。

不上不下的卡卡人生

不上不下是職場上最難捱的關卡，進也不是，退也不是，要認賠殺出另謀出路也不是，要甘之如飴死守本位也不是，太多的不是造成了卡卡的職場生涯。

人生可以海海，但是不能卡卡。海海，五湖四海，可以漂泊，可以遠航，可以隨波，可以逆流，只要舞台夠大，哪管你要跳華爾茲、恰恰、倫巴、迪斯可或是街舞，舞台夠大就容許花招花式，比較容易大顯身手、上下其手。

只有大公司才有提供你大舞台的條件。可惜的是，台灣有多少公司能夠提供巨蛋式的舞台？除非在所謂的百大企業裡頭，要不，在台灣超過95％以上的中小企業中，可能很快地在進公司半年後，發現舞台只有野台戲拼搭的木條台子那般大，恐怕唱的也只是單一戲碼，沒多少選項可以讓你發揮，最可怕的是野台戲舞台已經夠小，還擠著一堆人唱的跟真的一樣比手畫腳。

剛出社會，許多前輩會奉勸你「先求有再求好」，「騎驢找馬，先求上路開工」。這些說法不是不好，卻是此一時彼一時，可惜的是很多人在進到一家公司後都沒設定「退場機制」。求職與轉職一樣困難。求職的難，是很多人都遇過的，相較之下，像是顯學，因為大家都求職過，可參考的經驗多，不外乎是如何寫履歷、如何應付面試、如何從菜鳥變成老鳥。

抱持「先騎驢，再找馬」心態的人，要知道，你不是馬戲團表演者，很難直接在空中從驢子背上直接跳到馬背上。很多人不上不下的原因都是不願意從驢背下來，而是一直想著有沒有一匹快馬趕快從自己身旁經過，讓自己好立即跳上馬。所以，在沒有找到下一份更好的工作之前，騎驢就騎驢，絕對不下來。

相對於求職被大家討論、研究，轉職卻很少被大張旗鼓、大鳴大放地討論著。似乎潛在的心裡還是鼓勵大家要「忠於一家公司」，即使台灣沒有日本的終身僱用制，再說，日本的終身僱用制已經不是員工求職的最高原則。台灣卻有很多人以「偽終身僱用制」的態度在工作，這樣會造成的無形危機就是你不知道公司什麼時候要算計你，甚至清算你。

放無薪假、無預警公司關閉與工廠倒閉，這類新聞早已司空見慣。只是沒發生在我們頭上時我們覺得「樂透我都不會中了，閃電還會打到我嗎？」這般鴕鳥心態地蒙蔽自己只能給自己短暫的心理安慰，職場上的風風雨雨、腥風血雨、狂風暴雨，不是你視若無睹、視而不見，這些問題就真的會自動不見。

求職之後，一定時間後的轉職有其必要性。小公司畢竟能發展的空間都不大，加上資金條件不佳，別說你很難在一家小公司賺到大錢，頤養天年，恐怕是被用各種手法逼退時你也只能摸摸鼻子、抓抓褲子、踢踢椅子，不走也得走。

小公司的靈活就是在今天可以設在桃園，明天可以巧立名目地以「業務發展需求」搬遷到林園，或是今天在花蓮，明天在花壇。只要公司再同意補貼微薄的交通津貼就能巧妙地化解需要支付員工大筆的遣散費，如此一來，不就能輕易地清除員工，另起爐灶，多麼容易。

　　所以退場機制是每個求職者應該為自己制定的。沒有一個工作可以讓你長居久安、長長久久、長命富貴。不要存有鴕鳥心態，得過且過，不能走過也要熬過，也不要有飛雁心態，雁陣效應就是像是五個人踩協力車，坐在中間的大可以把雙腳一抬，無須拚命地踩踏板，也可以搭個順風車。如果你只是群雁中順勢而為的那一隻，短期或許不是壞事，但是一旦你養成習慣，依附他人，失去能力，未來吃虧的還是你自己。因為如果一陣亂流下來，能依靠的往往還是只有自己。

　　景氣常常像是亂流，更像是颱風。常常我們只能預測颱風什麼時候過境、可能經過哪些縣市、預測下雨量、甚至宣佈哪個縣市停班停課……，但是，我們永遠無法預測到颱風會造成的經濟損失，甚至人命問題。職場上的亂流更是如此，總是更難以預防。

　　不上不下的窘境是很多人在職場上熬過一陣子之後的共同心聲。要逃離這窘境，就必須先做好心理準備，要認清「先蹲後跳」這種眼前吃虧，往後吃香的長遠計畫。不要再短視近利、只看眼前。人生如果都只看眼前、活在當下，那麼當個蜉

蜥好了，早上生，中午爽，晚上走，多乾脆。

轉職除了要做好「先蹲後跳」的心理建設，還要學會「移花接木」。移花接木的重點是要找到適合自己往後發展的環境，看好時機，來個乾坤大挪移，從細瘦的柳樹移到粗壯的神木。移花接木的危險性就是換了個環境，或許也不如你預期，即使外表看起來光鮮亮麗，但是，金玉其外敗絮其內，像這樣的現象在很多公司都是司空見慣的。

從不上不下轉型到上上下下，上上下下是可上可下的，是另一種境界。這不只需要專業能力，還需要一些宗教上的悟性。「看山是山」是本能，「看山不是山」是創意，「看山是山也不是山」是悟性。上上下下的能力就是進可攻，退可守，左可閃，右可躲，可以往上擔任管理職，也可以往下做個專業職，還可以往旁邊發展個顧問職，四面八方都可以自由發展。

當你可以自由地上上下下時，就像是把自己從跳棋盤救贖出來，換到軍棋。跳棋是所有菜鳥都會遇到的，一大票人跟你條件一般，大家拚命擠破頭求表現，看誰先踩過誰、跨過誰、繞過誰……達到頂峰，佔到位置。軍棋則是老鳥會遇到的局面，經過長期的專業對抗，誰是將帥？誰是砲兵？自然是各司其位。

如果你已經在職場熬過三或五年，說真的，跳棋已經不是你的局，你不另開職業新局就很難突破。無論是成就感上的突破或是薪資單上的突破，只有換局，才有機會。

澳洲打工的自傲守則

「自傲」不是壞事，自傲就是對自己有足夠的自知之後對自己很自愛的最高表現。一個人如果找不到自己自傲的條件，很難在職場上出類拔萃、出人頭地、出國打工。

你不自傲，那就別出國打工。因為你可能只是隨波逐流、盲目跟從、沒有主見。自傲，就是對自己的專業驕傲，對自己的能力驕傲，即使換到一個人生地不熟的國家，也不會失去自己心裡對自己的尊重與要求。

我在澳洲經歷過求學、打工、求職、技術移民……，前前後後將近十年。在一般的人眼裡，我算是順遂的，但是，順遂的背後一定有些故事。我很慶幸我很多器官都沒有「硬化」，所以我沒有硬頸的問題，也沒有鐵齒的麻煩，更沒有傲骨頭的困擾。

管理大師彼得‧杜拉克曾說：「問對了問題，問題就解決了一半。」問題是，我們這些市井小民、販夫走卒、草民一介很難搞清楚我們提的問題哪一半是對的，我們講的話不三不四、五花八門、七零八落，哪記得哪一句話是對的。所以，關鍵不是自己有沒有很高的悟性來抽絲剝繭找出對的那句話，而是先找到對的人。

「找到對的人問問題，問題就解決了一半。」沒錯，所以問對了問題加上問對了人就能100％地解決問題。你或許會納悶

問題有這麼容易解決嗎？這是關鍵且重要的第一步，這一步就是要把你導上「正確的解決方案」之途。

我記得我剛到澳洲時，我的大姐跟我說了：「要學好英文，要適應澳洲，很簡單，就是多跟澳洲人交朋友。」這句話不只是老生常談，連小學生也會說。慶幸的是我很樂意聽取別人的經驗談，當然前提是這人是可以信賴與信任的。加上語言學校校長當時的一段話：「在澳洲很容易學英文，你只要出門，遇到司機、遇到店員、遇到……，都是你練習的對象。」

我只是照著他們給的意見做，很快地，我發現其實澳洲生活並沒有想像中那麼難。有了一點英文基礎後，沒多久，就想找打工，那時身邊很多人都自然而然、果不其然、理所當然地到中國餐廳或是中國商店打工，領取黑工的薪資。黑工就是低於法定最低薪資。

我問過其中的一位朋友，為什麼他要到中國商店打工，他的理由很簡單：「澳洲人才不會錄取我們這些華人呢。」他的回答沒有錯，錯就錯在他的觀念，人的觀念一旦錯了，就會做出錯的決定，然後導出錯誤的結果。

「澳洲人不會錄取華人」這話不只是以偏概全，更是全盤推翻。如果一個華人到了澳洲不把自己融入成為一個澳洲人，最基本的說流利的英語，連溝通都沒辦法做到時，澳洲人當然很難錄取這樣條件的求職者，這現象不只是在澳洲，全世界都是如此，到處都是，哪裡不是呢？

試問去日本打工就不需要學好日語嗎？

當然，語言是第一步，第二步就是相處模式。其實中國人說的「有理行遍天下」那個「理」只要換成禮貌的「禮」，就可以幫助你快速適應一個新環境。禮貌是行走世界的最佳行囊，笑容是與人溝通的最佳開場白。

我的打工經驗也算是順遂，一來，我當時還在讀書，不想因為工作而影響學業，所以先是找了一個自己最駕輕就熟的工作——中文家教老師。這工作的好處就是單純、薪資不差、時間彈性。很快的，學習上能夠應付時，我開始找第二個打工，不是第二個家教，而是為自己的未來鋪路。於是我到了當地很大的一個教會擔任會計助理義工。雖然這義工的工作只是兩週一日，但這個經歷放在履歷上很加分，是個專業的工作項目，實質上也沒花費我太多時間，這樣的投資報酬率是很棒的。

畢業後要開始找工作時，我遇到一位菲律賓與德國混血的移民男生，他畢業的學校很不錯，他就先對我打預防針：「妳找工作時不要急，等妳投履歷投到三百封時，才會收到一次回應。」

這話多讓人氣餒，更讓人不解。隨便上網看人力銀行的職缺都是成千上萬，為什麼我要找一個就這麼難。我試著投遞了幾家之後，發現不對勁。因為我可以從我這方看到對方都有開啟我的履歷，但是就是沒有後續聯絡的下文。我斷定是履歷出了問題。這時候身邊很多跟我一樣是華人背景的人開始無病呻

吟、無理取鬧地嘀咕著：「就跟妳說過，澳洲人只要看到華人的姓氏就不會錄取妳，妳別傻了。」

問題是，雖然我們這一票都不是從小移民的，是大學之後或是出社會一段時間再去深造後才來求職的，我覺得我們的差異應該是對當地人的瞭解，尤其是對當地求職生態與文化的不熟悉，造成我們很難找工作。這也是時下台灣年輕人想到澳洲打工必須思考的問題，不要以為澳洲職缺很多，為什麼偏偏你就只能做個剪羊毛、包水果、端盤子……的勞力工作，難道你在台灣沒有留意過很多東南亞外勞也是在台灣做這類勞力工作嗎？如果沒有提升自己適合當地的專業能力，出賣自己最原始的能力就是你討生活的第一可能。

如同前面提到的，要問對問題，還要問對人。所以我不聽那些把我當是「同是天涯淪落人」的人的話，我去找了我的荷蘭籍教授，他曾經在澳洲福特汽車擔任很高的職位，後來自己開顧問公司，這類人才是我們求職遇到問題時該找的對象。他一來有很棒的當地工作經驗、二來他也是外籍人士、第三他因為自己開顧問公司，當然更熟悉求才這一領域的生態。

他很快地跟我說：「妳的履歷一定有很大的問題，因為他們看了妳的簡歷之後，也點讀了妳的履歷，只是沒有後續聯絡妳，妳可以先把履歷寄給我看。」於是他幫我把履歷修改成「履歷英文」而不是一般英文。像我們這種半路出家，成年才出國的，英文想要多好？也很難一下子就好的像個當地人，畢

竟語言的學習是需要長期累積的。

　　後來我的履歷不只是被點讀，還有面試的電話邀約。我覺得自己更朝著找到「理想的工作」邁進了一步。只是，有了幾次面試機會，即使我們把自己擺得很低，只想找個行政人員或是助理的工作，幾次面試下來，都沒有太好的結果。後來我發現有時候自己降價求售，還賣不出的沮喪與窩囊是多麼深刻而令人難受。問題是，我這樣的想法是錯的，不應該自以為是地想著「我都做出這樣的犧牲了，為什麼連一個做基本的辦公室工作都找不到……」，沒有一個求才的單位要我做出這樣的犧牲，他們也不會覺得我有必要做出這樣的犧牲。

　　求職者不要抱著「我都委曲求全了，難道還不夠嗎？」去降價求售把自己的專業與時間隨意出售給一家公司，這樣的心態不值得鼓勵也不值得尊敬，求職者首先就是找到自己合適的工作，只有在合適的工作上，人才可能完全發揮，甚至做得開心。一時的委曲求全只是圖個過一天是一天，這不是解決問題的良策。

　　後來我發現我面試最大的問題是，先不說一般行政人員必須要有的專業條件，光是接電話與打字這方面就不是我們這種成年才出國的人可以得心應手的。我必須要有另一項專業，而我當時碩士讀的是MBA，我想沒有一家公司會讓我這個在當地都沒有管理經驗的人去做個管理職吧。我分析了我的優勢就是邏輯能力好，問題解決能力不錯，但是兩項都不是一般行政工

作的必要條件。我發現這瓶頸之後，就再去找荷蘭籍教授談，他跟說我：「妳不要一直看自己想做什麼或是能做什麼，妳應該上網去看那些人力銀行所開的職缺要什麼條件，妳只要讓自己具備那些他們要求的條件，妳的履歷就必須具備這些『專業的關鍵字』，這樣妳就更容易找到工作了。」

於是我仔仔細細地在人力銀行上逐一地研究行政工作，越看越是覺得難怪自己當時投遞履歷沒有公司回應，那真的是罪有應得。因為所有公司開出來的職缺都是公開透明的，而我們這群成年出國的人卻都關在自己的象牙塔裡面鑽研著怎麼找工作，而沒有去看什麼工作在找人。這就是方向搞錯了，不是你找工作，是工作找你。

後來我發現很多行政工作或是基層管理工作都需要具備熟悉MYOB這套軟體的條件，我就上網找了一家離我住處最近的學校，我立即報名了。那是一門三週的課，要價將近台幣六萬。老師是個英國人，學生都是當地人，我是唯一的亞洲面孔，於是我就更積極努力，因為我在那班上太過「突出」，不是指能力，而是外表。那個機構是很少華人會主動去的，幾乎是沒有過，因為他們不透過任何華人仲介介紹學生。

課程快結束前，我又跟荷蘭籍教授聯繫，他說：「妳現在已經在對的圈圈裡了，妳身邊的老師或同學都可能成為妳找到工作的關鍵，妳可以問問，或許先問問老師看看。」

我說過，我沒有任何器官是硬化的，所以要我做這些事

情，我都不覺得有什麼難，在我眼前的，最難的不就是沒有工作嗎？

於是我隔天下課，就主動去問了那位英國老師，老師客客氣氣地說：「我們只是單純的教學機構，從來不幫學生介紹任何工作，從來沒有過。」

我也是客客氣氣地跟他道了聲謝謝。

哪知道，機會就是這樣來了，隔了幾天，這名英國老師主動跟我說：「我們公司有個一週兩天的兼職工作，妳願意嗎？」

這是個天大的好機會，第一，只是兼職，我還可以抽空尋找其他工作或是再進修，第二，這工作離我住的地方很近，第三，這是個辦學機構，我可以從中學到很多。

想想看，一家從來不幫學生介紹工作的學校，第一次，也是唯一一次幫人介紹工作，就是我。不要說我何其幸運，而是因為我把問題搞對了。在很多事情上，自傲不是壞事，例如，當你身邊的人都對求職際遇唉聲嘆氣、叫苦連天、抱怨連連時，你可以選擇「自傲」地不受打擊也不受影響，這有些難度，因為華人的慣性就是群居之外以訛傳訛、以假亂真、道聽途說。

我就親耳聽過好幾個例子，澳洲人不會錄取華人這是一例，還有就是技術移民之後要通過公民考試，那考試就是一定題數，每題一樣分數，舉例25題，每題4分，滿分100分，80分

算合格。就有台灣人可以生出一種說法：「考試不可以錯法律題，法律題錯一題就失格，我上次就這樣。」但事實上，這人沒通過的原因根本就是低於80分，澳洲移民局官網上清清楚楚地說明了考試規則。

人言可畏，人云亦云可惡。對付這些負面聲音的最佳辦法就是站穩立場，堅持自己，因為全世界最希望你找到好工作的人就是你自己，你不為自己工作自傲，沒有人會為你驕傲。

後續還有很長的故事，例如我是那學校第一位轉全職的員工，我從一週二日增加到三日，再從三日變成全職。其中我也修得兩個證照。最後的職稱是「營運經理」。

在澳洲打工其實不難，難的是許多人都心態錯誤。新聞上提到「台灣國立大學生到澳洲擔任礦工。」那是他的選擇，跟種族歧視無關，跟個人自我認知有關，一個人要到外地求職，不先搞清楚、弄明白當地的求職生態，這就像是一個人想到澄清湖去抓大閘蟹，此湖非彼湖啊，是要去陽澄湖才對啊。

奉勸要到澳洲打工的年輕人，第一自傲守則：「不要聽華人怎麼說，要看澳洲人怎麼做。」第二自傲守則：「知道自己要什麼，不要想著先過去看看再說，那不是去你家樓下的便利商店，一趟澳洲之行，可能只是走馬看花，也可能是落地生根。」一個沒有計畫的行程，註定是沒有結果的。

命不轉，運不轉，
你就要自己轉

　　在商場上，很多企業力求以轉型求轉生，路不轉，人要轉，不轉，沒生路。宏碁ACER再造了幾次，裕隆少主也中興了多年。

　　時代在轉，產業在轉，不轉生，很難求生。面對不同的環境，堅持用舊腦袋的舊思維與人溝通，就是用BBcall跟iPhone溝通，簡直是青蛙跳水，小狗落水，河馬打水，一連串地噗通噗通噗通，不通不通不通。

　　條件不同的兩個對象溝通，不是秀才遇到兵，就是烈火遇到冰，前者有理說不清，後者澆了一頭冷水。

　　在職場上，很多人也有轉生的經驗。因著產業在轉，人不先透過自轉跟著環境公轉，就會被離心力拋離出職場。例如，二十年前學手工完稿的美工設計，現在都轉化與進化為電腦作業的視覺設計，從手工到電腦，若跟不上產業革命，就會斷送自己的職業生涯。

　　所謂的轉生，不是「換湯不換藥」地從行政助理升職到行政專員，也不是「平行輸入」地從A公司行政助理換到B公司行政助理，而是跳躍式、翻滾式、非線式的，例如從總機跳到會計，從會計跳到司機，從司機跳到場記。

　　我個人也有幾次轉生經驗，有兩個比較特別的例子。

　　第一次轉生經驗，是進職場的第一份工作後，也就是從視

覺設計轉到廣告文案。我學的是商業設計，畢業後順理成章地找了設計的工作。就第一份工作的邏輯而言，其實那是一份「算是」不錯的工作，算是，也就是因為許多人找第一份工作的心態是「先求有，再求好」，我當時那工作有是有了，但是也算是好，老闆好、同事好、薪資也好，雖不能說達到工作的三冠王「錢多、事少、離家近」，但是也符合兩項了，錢多離家近，也算是如虎添翼了，總不能強求老虎還要潛水吧。

後來，離職的最主要的原因是覺得「視覺設計」是一條很容易碰頂的工作，也就是沒什麼升遷空間，甚至我聽過小美工只能升遷到老美工，這窘境在南部更甚，這沒有歧視或是偏見，就像是要找高科技類工作要去新竹科學園區，這只是一個地區就業屬性或是特質的差異。

在職場打滾了一陣子後，瞭解了現實的狀況，換工作時，上一個工作與下一個工作之間，自己最好給自己一點時間，好好思考究竟為什麼離開上一個工作，與究竟又為什麼找上下一個工作。

最可怕的是，我們像是個跳石頭過河的人，一路只能拚速度，匆匆忙忙地被一種「不願意沒工作」的念頭逼迫，即使有時候左腳踩在一個不穩的石頭上，但是因為右腳已經快速跨出去踩上另一個穩當當的石頭，所以左腳的不穩定也被右腳給平衡了。

如果我們換工作是一個接著一個，沒有給自己一點從職場

跳脫的時間與機會，讓自己冷靜地面對自己，想想自己需要什麼，又想要什麼。

空窗，有時不空出一扇窗，人是看不到外部世界變化的。職涯上的空窗期有它存在的價值。

我「想」從事廣告文案這類工作，不是因為我不喜歡視覺設計，而是覺得文字創作更符合我的興趣與志向，但是，這個「想」也是讓我碰壁好幾次，即使我有豐富的投稿經驗，甚至在徵文比賽得過獎，但都只是業餘的事證，不是工作經驗。

「上駟對下駟」就是我當時使用的策略。我幾次應徵文案工作沒有好結果，我發現我把自己的缺點放在第一位，而不是我的優點，即使當時我應徵的是文案工作，即使我滿腔熱血、滿腹墨水、滿腦創意……想要當文案的念頭滿出鼻孔，但是我卻忘了我當時的優勢是「有經驗的視覺設計」，有了這樣的轉念，我開始好好用心在我的履歷上，改以圖文並茂、圖文相輔的呈現方式，才順利得到第一份文案工作。

我還記得我當時的履歷是用四六版全開紙製作的，那紙長有一公尺，我把寬裁成A4紙的寬，留住109.2公分的長，然後洋洋灑灑地條列了101條我適合擔任文案工作的條件。想想看一份長達一公尺的履歷，光是這陣仗就足以顯示我的決心與企圖。

經過那次經驗，我開始學會用SWOT分析自己要應徵的工作項目。最近的一例是我從澳洲回台灣後，找工作上的青黃不接、條件不好、老大不爽……。一連串的這個不好、那個不

想、又那個不要⋯⋯，我開始要為自己找出另一條求職生路。

經過我對自己的SWOT分析（strengths, weaknesses, opportunities, threats），我發現不是剛出社會的我，沒有熬跟耗的條件和本錢。求職期間，有家很具規模的公司找我去負責一個創新的英文專案，創新這兩個字吸引了我，但是該公司家大業大，難免有「族大有白痴、樹大有枯枝」藏污納垢的現象。人事的問題永遠大過工作，英文專案不難，難在要把新觀念帶給舊思維的族群。這好像是過去政府鼓勵節育時到鄉間推廣使用保險套，衛生署人員示範性地把保險套套在手上，但是鄉村的老實婦女就是沒有想像力，只有創造力，所以就依樣畫葫蘆地把保險套套在手上，最後還是沒有減緩多產的嚴重性。

經過短暫兩個全職的工作後，我自知我很難接受與認同一些企業的經營管理理念與作法，既然不能接受與認同，我只有兩條路：自己創業或是兼職擔任顧問職。

我把自己的專業透過「零售」的方式推薦給不同單位，我在某大學推廣中心開了一門「自製英文童書」的課程，也同時打游擊地受邀於科技大學與技術學院客座講師分享行銷經驗，還擔任某網路購物平台行銷實務顧問，另外，就是跟出版社提案出書。

當我發現不是朝九晚五的工作更適合自己時，其實我已經在那個輪迴走了好幾年。只是，為了求更好的轉生，我跳脫了全職的朝九晚五週休二日工作，而給自己找了另一條生路。

樂觀點想，現在是個好討生活的時代，能做的工作何止三百六十行，五花八門各形各色都有，所以求職者如果還是帶著上個世紀舊思維，想找個穩定的工作過著朝九晚五上班下班，殊不知，這是沒有保證的，沒有哪一份工作是永久穩定，即使穩定，只是那份文風不動的死薪水定定地在那水平上。

　　職場轉生的第一要素就是要轉念，不要把舊思維塞在自己的新腦袋中，職場要求新生就需要有新觀念，新觀念要以當下的求職環境而定，不是以自己十幾年的工作經驗來判斷。

這也不會，你是豬啊

報告老闆，是，小的屬豬

報告老闆，是，小的姓熊

這也不會，豬狗不如啊

要有高EQ，還要身段軟Q

在職場上三種器官
不能硬化：
脖子不可以硬。
性子不可以硬。
骨子不可以硬。

別想當職場硬漢
當個軟角色
反而容易生存。

認清狀況——
初生之犢該怕貓

A Face-off
for Your
Career

初生之犢不怕虎是不長眼，

初生之犢怕貓還怕虎是長心眼，

知道病貓也是老虎貓科家族的皇親國戚。

職場小白領開眼見識：

多少要做白工、加減要挨白眼、偶爾要當白老鼠。

不開眼，不長眼，

恐怕被列入黑名單還不明不白。

危機 1：你不知道什麼工作是該你做

老闆做的事，你不要搶著做

有個笑話，有回總經理的秘書請假，她的職務代理人就順理成章地接下她的工作，等總經理秘書回到崗位時，問起那位職務代理人這期間都做些什麼事，那人回：「我就是每天早上喝咖啡看報紙、上網購物，然後打電話聊天……還有，跟總經理出去幽會。」

這是笑話，但是職場上的笑話可不小於這些，重點是這笑話是要告訴我們「界線」在哪裡，不是同一份職位就做同一份工作，換句話說，不是所有秘書的工作都一樣，很多人只是頂個職稱。

根據調查，多數職場老鳥最受不了菜鳥的前三條就包含「亂搶事情做」。新人求表現是人之常情，卻不應該是搶人鋒頭。尤其是如果對方沒有開口要你幫忙，你主動幫忙，也只是給自己幫倒忙。

不要以為職場上盛行「舉手之勞」這口號，尤其對於新人而言，顧好自己、做好分內事才是最重要的。職場新人最忌諱的就是「界線」不清楚，無論是說話的界線與做事的界線，新人常常是無意間就「越線」。

如果只是得罪了同儕，那可能只是受了點閒言閒語的指

責，但是一旦觸犯了上司或老闆，這些人就會對新人貼上標籤、做上記號，往後新人的日子就不是那麼好過了。

得罪上司最大的一條就是「搶功勞、搶鋒頭」，沒有一位上司是宰相肚裡能撐船，相反地，他們的眼裡是容不下一粒砂的。要界定哪些事情是上司與老闆的才能做的，最簡單的辨識就是：只要是突顯權力的與彰顯魅力的都不要爭取，因為權力與魅力不是一般新人該展現的實力。

♟ 你不知道你多做了什麼？

學生時代，有一年暑假與一群在麥當勞打工的朋友在玩撲克牌「大老二」。突然有女生要上廁所離席，趁著她不在的空檔，鬼主意最多的一個男生開口了：「我們每個人可以把自己不要的牌拿出兩張，然後塞到她的牌堆裡，再從其中抽走兩張，一旦換了就不能再換回來。」

在場的三咖就快快抽換牌。等到那離席的女生回座後，大家就你一搭我一唱地故意說：「我的牌好爛」、「我的牌更爛啦」……。那女生只是淺淺地一笑，然後說：「我的牌還不錯。」

大家都一頭霧水、兩眼發直、三緘其口、四目相對……。

哪裡知道我們大家自作聰明地把小牌都塞給她，竟然讓她湊足了兩組鐵支，一組三，一組四。

在職場上，這種趁你不在場時設下的局，多數都沒有上文

這個故事的驚奇與美好結局，不是扛下最爛的任務就是撿到最累的差事，不是勞心就是勞力。

有時候就像是去吃「吃到飽」餐廳，你是最後一個到的，你能吃的就是烤鴨的頭與屁股，因為鴨腿、鴨胸……等最佳部位早就被先來先下手的取走。

「攻其不備」，這是職場上慣有的招式。趁你沒到場時，別人已經設好局了。這是人之常情，試問誰不愛敵明我暗與他守我攻來個先發制人，然而卻不是正人君子該有的行事風範，可惜職場上小人永遠比君子多，就像一副象棋中將帥與兵卒永遠是1：5。卻不是正人君子該有的行事風範。

而新人又是最常受「攻其不備」冤屈的族群。職場老鳥媳婦熬成婆的心態很重，總是喜歡趁有新人到職時來個「乾坤大挪移」或是「大風吹」，趁勢把自己不要的工作明著或是暗著地推給新人去做。

明著的，就是會仔細研究新人的履歷後，預備好話術，等主管提到有新人要來報到，要大家藉此機會重新分配工作，做一次部門功能盤整。有心人士就會在這時候把自己不想做的事情合理地推給新人，例如，某甲不想長期負責瑣碎的總務工作，這時候就可以說：「我覺得新人需要培養耐心與細心，但是又不應該授予太大的任務，以免他搞砸後很難善後，所以我建議可以讓他負責部門總務與行政工作，一來他也可以與大家都有互動，進而熟悉部門運作，還有他負責的工作是重要但是

不至於發生重大疏失的。」

暗著來的就是主管明明已經分配好工作，但是底下的人就故意「誤解上意」，故意把話聽錯。如何故意把話聽錯呢？就是如果主管說跟一位老鳥說：「有個新人要報到，你先帶他一個禮拜，順便看他合適做哪些工作。」這老鳥就可以藉機把自己最不喜歡的工作丟給這名新人，這老鳥如果擔心有人告狀，只好祭出「分贓」的概念以杜他人之口。也就是吆喝幾個人一起把一些工作拿出來給這新人。

新人的尷尬就是處在一個嚴重「資訊不對稱」的狀態，因為求職時可以從網路上查詢到的都是公司的「門面」資訊，例如公司規模、上季營業額創新……，但是，進了門，尤其是進了什麼部門，會遇到什麼人與發生什麼事才是決定一個新人命運的關鍵。

新人要「驗證」自己的工作項目或是要「釐清」自己的責任範圍，只能很抱歉地說，這畢竟不是南北韓中間的那條一清二楚一分二界的「北緯38度線」。很多時候新人只能吃這種悶虧，但是，一旦是有下一個新人進來後，前一個新人就有機會見識與見習到身為老鳥是如何對待新人的。

所以新人不要急於想要釐清哪些是自己的責任範圍，要趁著「新人免責」的期間好好磨練自己，同樣一件事情犯錯，新人與老鳥所受的實質與口頭上的責備都會是不一樣的。

「不知者無罪」很多時候是職場新人最該拿來自我安慰

的，這是一帖良藥，照三餐服用，很快地，三折肱就可以成良醫。

但是，好友阿京的名言：「二十幾歲時，一犯錯就哭，別人會覺得我見猶憐，過了三十歲，一犯錯還哭，別人會覺得我見翻臉。」換句話說，「不知者無罪」此法條只適用於新人，切記，如果你已經不是初出茅廬的黃毛丫頭，就不要隨意耍小孩子性子，因為可愛就像是青春痘，過了年紀就不會有。

一份工作，三生不幸

職場上，三「生」不幸的故事時有所聞。女生當男生用、男生當畜生用、畜生當三牲用。人畜無一倖免，男女一視同仁。如何讓公司可以「把人當人看」？關鍵就在於你的能力，這能力首要包含的就是溝通能力。

溝通能力從你寫履歷時與面試時就開始展現。女生穿整齊的襯衫、窄裙應徵行政工作，就是告訴別人你是個標準的OL（office lady）。你要定義這是形象還是假象都可以，重點是很多面試官就是看到蘿蔔想到兔子，這麼的直接聯想。

過去我在澳洲工作時，服務的公司常常在工作量很大時聘請時薪的工讀生，記得有一位工讀生來面試時穿著就像個上班族，後來知道她在大學學的是法律，當然，她工讀的工作只是一些行政雜事，不需要半點法律專業，然而，因為她來面試時的談吐與穿著，傳達了她在向我們公司溝通她的「慎重其事」

的態度，後來她不只錄取，還是以最高「時薪」錄取，因為其餘兩位的時薪都比她少了10％，而他們三個的工作內容是一模一樣的。

通常在麥當勞，所有新進實習生的薪資都是一樣的，你可以想像如果有一個實習生是領高於其他人的薪資會造成什麼樣的騷動嗎？其他人可以說：「我們的工作都一樣，為什麼他領的比較多？同工不同酬就是不公平。」

然而，在我們公司發生的事情卻似乎很理所當然，其他人自我釋懷地解讀：「法律系比較細心。」而其實這份工作細心程度只是一般，但是，她確實是贏在她的細心，因為我記得當時老闆面試完她後跟我提到這女孩很聰明，因為她會問到自己的權益問題。就這事情，我私底下跟所有工讀生瞭解過，兩位會計系的因為知道工資結構、退休金制度、繳稅比例……自然就沒多問，然而那位法律系問的就只是這些人都知道的，所以，結論是別人在這方面比她專業卻是讓她在這上面佔了便宜。

還有，她當時慎重其事地穿了窄裙與襯衫也讓她之後都免除了所有「勞動」事務。我們公司總免不了有人送水、送貨……，所有這些雜務就理所當然地變成其他兩位經常穿褲裝的工作，久了，三個工讀生的工作範圍就自動區分，這位法律系的學生一直是以處理文書工作為主。

你的穿著，就是你對人表現你對自己專業的態度。你如果

不看重，就不可以怪別人輕視你。這些輕重，都是自己無心無形中造成的。求職生涯中的幸與不幸可能會是自己一時無心的疏忽，而這疏忽落在精明的主管眼裡，都可以放大成為一種人格特質。

某人力資源主管最愛用「Coach與LV」來區分人。先不說這主管她有多迷信，開電腦前要嘴裡唸唸有詞、上廁所時要選第三間……，她在用人這事情上，不是看學經歷背景，而是看星座與血型。

再來，因為公司要穿制服，所以她就很難看出下屬的「品味與經濟條件」，她對於這品味與經濟條件很有自我主觀與狹隘的看法。例如，她如果看面試者拿的是網路拍賣款的Coach包，她就會在她的薪水上緊一點，因為她覺得這類人多半是省吃儉用型的，對於工作，也是圖個安穩與溫飽。

相反地，如果面試者提了個LV當季包，她就會在這個人的薪水上寬一點，原因很簡單，因為她認為對於這種人，太低的薪水是吸引不了她的。

當然，這位主管的這套謬論是檯面下的，如果求職者事前都知道她有這種迷思，那豈不是去這公司面試的人都應該借錢也要買個LV包。初次見面，外表給人的印象是很重要的，適當得體的外表常常可以為自己的專業加分。

★ 職場美力勝實力

「You Are What You Eat」這句話說明我們可以透過一個人的飲食去了解他的健康狀況。

而「You Are What You Wear」這話顯示我們可以透過一個人的服裝，相當程度地去探索他的工作態度與潛在企圖心。

穿著是一個人對外的第一對話，往往是還沒開口時，對方就已經打量與盤算好來者是什麼來頭了。

學生時代筆者在中部某知名建材公司打工，這老闆的左右手阿盼姐很精明，手上熟客幾百位，偶爾的過路客也不少，她往往可以記住哪一位客人上次買的木板或是邊條是哪一型號與款式。

就是因為她的強記能力讓許多傳統木工師父與裝潢師父喜歡到這店裡買貨，因為可以省去開場的寒暄與無謂的對話。阿盼姐有個規定，所有交易一律以現金付款，直到三個月後才可以進階到月底結帳。新客戶對於需要攜帶大量現金的交易很是頭痛，但是阿盼姐是隱藏版老闆娘，總是她說了算，完全不給通融或交涉。

一次，門口來了位開跑車的雅痞型「室內設計師」，跟多數的木工師父與裝潢師父不同。我偷偷地問了業務部主管：「阿盼姐，妳怎麼知道他是室內設計師？他不是第一次來嗎？」阿盼姐得意地說：「我每天在公司看這麼多客人，誰是

木工，誰是做裝潢，誰又是設計師，我一眼就看得出來。」

　　這名雅痞室內設計師挑選了許多進口的裝潢材料，記得有一款日本進口的木質裝飾材料，純手工，每條約莫二十公分，要價就是幾百元，這種材料只要抓一把，不要說上萬，值好幾千是肯定的。

　　到結帳時，他遞給阿盼姐一張名片，中英對照，語氣冷靜與專業地說：「公司統一編號在上面，月底開票。」

　　阿盼姐竟然沒有跟他提「新客戶前三個月需要現金交易」這事，而是請業務助理迅速處理這筆生意。這雅痞設計師把許多進口裝潢材料放到跑車副駕駛座，隨即就揚長而去。

　　這筆「呆帳」真的是太呆所形成。那位看似雅痞的「室內設計師」從此就沒再聯絡上了。這事情上，我學到了「服裝真的可以替一個人的專業代言與發言」的藝術。

　　「扮誰像誰」這話一點都沒錯。我擔任企劃部經理時，因為工作繁忙，所以每天早上都沒有時間思考「到底該穿什麼」，不知哪來的神來一筆，我開始有了只買「黑色」穿戴物的習慣，舉凡：上衣、外套、裙子、褲子……，襪子更是經典，同一款一次買十雙，早上恍恍惚惚之間隨手抓就是一雙。

　　無心插柳地，我常常的一身黑，給人一種神秘與專業感，那份神秘與專業恰恰足以嚇阻「程度不夠」的上司。所謂的程度不夠，就像是阿盼姐一樣，認為我的專業是不容隨意質疑的，誰叫我看起來很像「廣告公司裡的創意人才」。

✦ 服裝也是一種溝通

記得以前某同事常常怨歎到公司服務五年多，都沒有升遷機會，我給她一個建議，要她不要天天把公司當臥室，穿那些帶蕾絲邊又是粉紅色貌似睡衣的衣服，沒想到她真的有聽進去。有天早上她請假，下午進辦公室時穿著整齊，是所謂的「面試全套裝備」：淡妝、矮跟包鞋、髮型俐落……沒有過多的首飾。

她的突然改變，引起一些騷動，大家開始耳語「她是不是去面試啊？」主管也留意到了，就找機會問她：「米娜，妳今天早上去面試嗎？」米娜說：「經理，我沒有，我只是請事假處理一點私事。」

這種詭譎的氣氛，讓主管仔細思考米娜如果真的離職會造成的影響，雖說她的上進心不夠，但是，指派的工作都能有一定水平以上的表現。即使不能期待她舉一反三，但是能說一做一就不錯了。後來主管也在兩個月後主動幫米娜調了薪。

很難透過語言溝通時，適時地透過服裝與裝扮給對方一點「訊息」，讓對方感受到自己心裡一些「想法」，然後，以靜制動，靜觀其變，讓對方主動來把你傳出去的訊息說開，如果對方意會錯誤，你可以自我澄清地說只是誤會，如果對方解密正確，那就可以順利進行正式的語言溝通了。

第一印象效應 Primacy Effect

第一印象效應是指人與人第一次接觸時從外表、言談……留給對方的印象。像是初戀一樣，因為最初，所以最深，印象最深。

根據心理學家的研究，如果我們把一位新同事介紹給舊同事時說：「他是個外向但是細心的人。」多數人會對這個新人產生「外向」的聯想會高過於「細心」的聯想，因為「外向」的人格特質是第一個被傳達出去的訊息，人們對第一個訊息的感受力是更強烈的。

舉例，如果舊同事發現新同事吃飯時間都會主動跟別人打招呼，他們就會直覺地想「這人真的是很外向，剛來第一天就會到處跟人打招呼。」即使背後的故事只是因他細心地察覺到一路上的同事都跟「那個人」打招呼，而那個人正是某部門的主管。

如果玩過網路交友的人都知道，在自己的人格特質的選項中，有時候會要求會員選擇三項，但是即使你選擇了大衝突的三項，例如：剛正不阿、奸詐狡猾、淡薄名利，電腦也不會質疑你，好玩的是，這些現象也會發生在真實的世界。

有時候我們為了贏得第一好印象故意釋放假消息，通常，假消息會為我們帶來一陣子的虛榮，但是，人格特質畢竟是骨子裡和骨髓裡出來的，不是說改就能改。有時候情境就像是一陣龍捲

風來襲，雞鴨鷹鶴全飛上天了，但是風頭一過，誰沒本事就都該下來了。總之，假以時日，誰是老鷹誰是雞，是瞞不過的。

即使瞞不過，要贏得第一好印象時，演得過就好。俗話說：頭過身就過，拚個頭香。所以要贏得第一好印象的基本要件有：

❶ 表面工夫：

表面工夫顧名思義就是你個人所呈現於外的項目，從頭到尾包涵：髮型、頭髮清潔度、髮飾的挑選、眼鏡的形式與清潔度、妝容的得體合宜、耳環的形式與大小、衣服的形式與配色、領帶、褲子或裙子、鞋襪的搭配、指甲油顏色與指甲清潔度……。

❷ 嘴上功夫：

如何應對得體與留意用詞遣字的細膩，最主要是要留意對方說話的邏輯，從而知己知彼地做到「見人說人話，見鬼說鬼話的」的投其所好。有種說法，人其實一生無論是尋找伴侶或是知己，都是在尋找一個跟自己很像的人，這說法也就是成語「物以類聚」的最佳驗證。

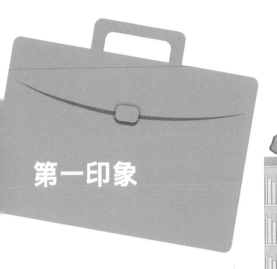

第一印象

第一印象就像是初戀，
只有一次。
第一印象常常
也是唯一印象。
要在第一秒，
先能放大自己的優點，
再能縮小自己的缺點。
在幾秒鐘完美呈現自己。

如果有口臭，
不要第一次約會就接吻，
而是多微笑！
能不開口時就少開口！

危機2：在團體中你該扮演什麼角色

老虎老鼠傻傻分不清

阿米剛進公司時，做起事來總是戒慎恐懼、戰戰兢兢，深怕一個不小心就招惹到老前輩。

她先是默默地觀察大家的形式風格與人格特質，她發現坐在她對面的阿臻是個沈默寡言、認真做事的人，所以就試著跟她打交道，發現阿臻是有求必應，知無不言之後，她就更大膽地把阿臻視為朋友，無論是工作上的或是情緒上的問題都不忘與阿臻分享。

殊不知，阿臻表面上看起來跟大家都不是太熟絡，其實卻是私底下跟每一個人都建立一定程度的「秘密交換」，問題是她交換給別人的都是假秘密，換句話說，她掌握了辦公室裡多數人的職場秘密。

阿米直到任職三個月時，面臨到試用期考核，透過360度績效評估表時才知道阿臻以「同事的評價」角色給她最差的分數。而且阿臻竟然把阿米私下告訴她的或詢問她的都一五一十地告訴了上司，讓上司以為阿米是個「笨拙而偷懶」的員工。

不只如此，阿米後來發現整個部門的人都對她「另眼相看」，才知道阿臻私底下跟大家說了她許多不是，而那些「閒言閒語」又讓阿米百口莫辯，因為她確實跟阿臻提過那些事，

只是阿米多半是發發牢騷，而不是當真。試問，有多少人常常喊著要離職？誰不是情緒來就口不擇言？只能說阿米識人不清。

職場老前輩有兩種老，老鼠與老虎。老鼠與老虎最大的區別就是——老鼠都是一窩窩地物以類聚愛搞小團體，而老虎則是單槍匹馬的單打獨鬥。

所以你只要看到愛搞小圈圈的，就知道這些人是鼠輩。愛搞小圈圈的人多半是一個人成不了氣候，所以要集結一群條件差不多的人一起呼風喚雨。鼠輩的呼風喚雨都不會是在對的時候，你需要及時雨時，他們會給你龍捲風，他們的存在就是讓你不如意、不順意。

在識人不清的情況下，按兵不動是最好的對策，以靜制動，讓對方按耐不住現出原形，只要時間一到，狐狸尾巴就都會露出來。

★ 聰明人做聰明事，也做糊塗事

阿震是個聰明人，他在職場上一路的攀升，像是搭直昇機，不是手扶梯也不是昇降機，而是直升機，一路向上直升。

說他沒本事，實在有欠公允，但是說他有本事，他卻只是個靠人做事的，盡搭順風車與順風船。他既聰明又精明。知道什麼時候做什麼事，是聰明；知道什麼時候發生什麼事，這是精明。聰明的人識時務，精明的人造世代。

聰明人不一定都做聰明事，糊塗人也不一定都做糊塗事，但是，聰明人做聰明事，是天經地義；聰明人做糊塗事，是天理不容；糊塗人做糊塗事，是天公地道；糊塗人做聰明事，是天來一筆。所以無論是聰明人或是糊塗人，做什麼事，都要看天。

阿震的本事就是能在該聰明時聰明，該糊塗時糊塗，所以他做事不是「天經地義」就是「天來一筆」。但是能像他這樣長袖善舞的人也不多。如果我們無法達到他的境界，至少不要自作聰明。

不聰明不可怕，可怕的是自作聰明。自作聰明不僅不是耍小聰明，還是裝假聰明，一旦涉及到假，無論是假裝還是假扮，都很容易落入畫虎不成反類犬，唱五佰的歌只是半調子，像個二百五。明眼人一眼就可以識破。

菜鳥最常犯的自作聰明就是「把事情做完」，職場上向來不是把事情做完就是做完，做事的第一步要先知道那個公司或部門的文化，熟悉了文化才能做事，文化沒有好或壞，只是各有不同，例如哪個國家不可以對小孩摸頭，這就是文化差異。

把事情做完之前要先把人事問題搞好，也就是要知道哪些人是應該照面，哪些人是應該打點，適時地問一些別人有機會表現專業的問題，做球讓別人得分，以求在團隊中好生存。

球賽不是只有得分王這個獎項，助攻、搶籃板……都是重要角色。

🏌 別讓別人的麻煩成為你的麻煩

小睫怒氣沖沖地從經理辦公室出來，因為經理處理事情的方法增加了她無謂的工作負擔，領死薪水的人最大的夢想就是「同一份工作一直做下去」，既然薪水都是死的，為什麼還要活用腦袋呢？

小睫負責該集團的英文專案，這專案的目的是在提升員工的英文程度。公司是營利事業，不會只是單純給員工福利讓他們有機會提升語文能力，相反地，而是國外客戶多次抱怨無法與該公司員工正常溝通，因為和該公司的員工不是要比手畫腳，就是溝通了老半天還詞不達意，總是考驗外國客戶的智力與耐力。可惜，在商言商，時間就是金錢，久了，抱怨連連自然難以避免。

英文專案提供各類課程：多益自強班、商用英語會話班、商用簡報班、商業談判用語班……等。多益自強班是最低門檻，要求600分，通過這門檻才可以申請其他應用課程。

小睫這次生氣是因為過去學員英文能力考試都是採取自由到電腦教室考試，因為電腦教室的所有電腦都有連線到小睫的電腦，所以小睫可以第一時間收到學員線上測驗的成績。但是，公司內部近來傳得風聲鶴唳的是有人作弊、有人找槍手、有人……。本來自由考試的方式被迫改為「集體考試」並且要加派監考官，這就是增加小睫工作的源頭。

只是小睫也納悶，為什麼別人考試作弊，受苦的是她，為麼別人的問題變成了她自己的問題。

其實事情有很多解決方法，例如，採取榮譽制加上連坐法，學員還是自由考試，但要互相監督，如果被查到同一班中有人作弊，卻沒有人舉發，全部視為不及格。所以，一定還有其他更具巧思的辦法。

新人遇到問題時，不要完全倚賴上司的指導，因為上司可能日理萬機，甚至心有旁騖到無法只處理你的事情。更何況上司很多事情只是就經驗談做快速判斷，或許解決方法只是當下治標不治本，只有當事人最清楚明白自己的問題，所以建議當事者即使是新人也可以在把問題帶給上司之前自己先想想有沒有別的對策，這樣就不需要完全聽命於人。

好的傳統，壞的傳統，只要是傳統你都得傳下去

傳統沒有好壞，就是存在，就像是血型沒有好壞，就是存在。哪有說O型的人就一定適合公關或業務工作，A型的都適合當秘書。

對社會新鮮人而言，進入一個新公司，遇到的第一個障礙就是「資訊不對稱」，因為如果只要有老鳥跟你說：「我們部門都是這樣，我們公司都是這樣。」這當中的真實性即使讓人有所質疑，但是，因為初來乍到，人生地不熟，我們也很難判斷對方的話是在「下馬威」還是「上師言」，是雞毛，還是令

箭。

　　庄庄在一家頗具規模的公司上班，任職滿三個月後，坐在她前面的女同事，終於正眼瞧她了。三個月之前的每一天，那女生都不斷地在庄庄面前表演專業與專注。她總是兩眼直盯著螢幕拚命地打字，打字的速度極快，簡直像是出庭時的紀錄人員，劈拉啪啦，鏗鏗鏘鏘，毫無停頓。

　　說她是表演專業，當然有依據、根據、數據。第一，她不是key-in小妹，聽聲音檔打逐字稿，哪能有這樣的速度，除非是聊天與打屁，就只有這些不費神、不費心、不費腦的事情才可以讓人文思泉湧、行雲流水，打起字來不落拍。

　　另外，這人還曾教過庄庄如何製造「忙碌的假象」。她說下班後，不要收拾桌面，但是，也不要把重要的東西放在桌面，重點是，故佈疑陣地讓主管以為你還在加班，並沒有準時打卡下班閃人，只是「適巧」不在座位上。

　　這個在庄庄面前演了三個月的忙人，突然在她滿三個月時，抬起頭跟她說：「啊，妳今天要請全部門喝飲料，這是我們部門的規定。」

　　這是哪一道？胡說八道？擺我一道？誰會知道？

　　這是一個很奇妙的部門規定，試問，一個部門如果三十個人，那麼當個新人就要請三十個人喝飲料，光是最基本的紅茶或綠茶一杯就要二十至三十元，這麼一來也要花費近千元，就別提很多人都是抱持「不吃白不吃」的心態，通常不是一杯少

冰微糖的泡沫紅茶可以解決的。

　　依照過去經驗，就是當日所有人會找出最貴的泡沫紅茶店，也毫不手軟，也不看價格，卯起來訂飲料，更有甚者，有人不僅是外加五元含珍珠，還外加十元含布丁。真不知道她是喝飲料還是吃甜品，滿滿一杯的珍珠、布丁、蒟蒻、寒天……。

　　還有人提議雨露均霑地連跨部門的主管都要一併請客。真是慷他人之慨時誰都會很慷慨。

　　面對這種事情，「花錢消災」似乎是唯一的做法。

　　有趣的是，等庄庄熬到一個時期後，跟一些過了試用期但是年資尚淺的同事談到這事，如果這部門是個以「歡迎新人加入」為宗旨的，或許，三十個人請一個人喝飲料，藉此來表達歡迎之意，不是遠遠好過壓榨一位才到職三個月的新人。

　　想想，一位菜鳥請三十位老鳥與三十位老鳥請一位菜鳥，這其中不是涉及到誰破費，而是潛在地鼓勵「媳婦熬成婆」就能作威作福，制定遊戲規則。

　　部門最要不得的就是潛規則，這簡直是職場上的流沙，看似正常的平路，一沒注意，就誤踩地雷區，引爆明爭暗鬥，你死我活，你開心我不爽。

　　遇到這類事情，有更好的解決方法，就是下一個新人來時，身為一個資深同事，自己大大方方地認賠退出，不願意參與那群老鳥的詭計，不需要別人請喝飲料，把自己從「媳婦熬

成婆」被害者變成加害者的輪迴救贖出來，這樣才能自救。

庄庄之後來了個小女孩，她剛滿三個月時被告知要請全部門喝飲料，她的反彈與倒彈簡直是震盪了所有人的「正常想法」，她第一句話就是：「這三個月來誰幫過我？為什麼我要請他們喝飲料，這不是錢的問題，我寧可錢給乞丐，也不要被搶匪脅迫。」

好一個不被搶匪脅迫說。

庄庄當時安撫她之後，告訴她，還是有別的方法，例如，自己先選好一家，然後不要傳遞店家的飲料單，而是自己選了六～七項一般人可以接受的飲料，喝茶睡不著的，有不含咖啡因的綠豆湯，不愛甜的有檸檬汁……。算是讓他們碰碰軟釘子，外加，在傳閱的那張紙上補上一句「小女子第一份工作，人微言輕，做多錢少，心有餘而力不足，未來發財時，有機會再請大家吃大餐，這次，僅僅當是小小奉茶，請大家喝喝涼。」

她那次算是半圓滿落幕，缺的半圓就是她還是不得不遵從這部門的潛規則。當面對一個穩賠的局面時，若能小賠就是賺。

別抱持三秒鐘天旋地轉的乾坤大挪移的奢想，立馬要化危機為轉機，化危機為轉機的過程中還有一個「生機」，先求有生機再求轉機。

懶螞蟻效應 Ant Effect

阿草是個懶散的人，從來都沒有準時上班過，主管拿他沒轍之下只好祭出「重賞之下必有勇夫」的技倆，只要阿草在一個月裡天天準時九點上班，就可以領到一萬元的勤勞津貼。阿草即使對這獎金很動心，但肉體卻抗拒不了賴床的習性。

幸好阿草的工作是以績效掛帥，他的設計類工作也能容忍這看似沒紀律的工作態度。加上他晨昏顛倒的作息讓他接觸到的資訊往往與別人不同，例如，一次公司在討論便利商店的店頭廣告，因為他常常半夜去買宵夜，所以能提出與別人很不同市場觀察，幾次這樣的「異軍突起」讓他贏得主管的肯定，甚至連帶享受到更多禮遇。

所以，談判不是技巧而已，也要看條件。要懶，也要有條件犯懶、耍懶。

懶螞蟻效應是在區別成天勤奮的螞蟻與整日懶散的螞蟻的下場。出乎意料地，成天忙碌的螞蟻因為每天都陷入固定的工作模式「輪迴」中，一旦失去這固定的軌跡，就不知道應該如何處理狀況。

相反地，這群整日懶散的螞蟻因為平時都是東張西望、左顧右盼，不知不覺中養成了對環境的高觀察力，即使臨時發生什麼狀況了，他們也可以很快地找到生存下來的方法。

對於日常瑣事要懶惰，不要太花心思，要把勤勞放在對的事情上。

　　某種形式上，勤勞的螞蟻與懶散的螞蟻就好像是「飼料雞對上放山雞」，飼料雞一直生活在固定的模式底下，幾點吃早餐，幾點睡午覺，然而放山雞看似悠哉其實卻在熟悉環境尋求生存之道。

　　一個部門有隻懶螞蟻是好事，因為永遠有個像是局外人可以用不同的角度看事情。但是，不可以整個部門都是懶螞蟻，因為總是要有人負責一般的瑣碎雜事。

　　懶螞蟻之所以能有局外人的「無框架與非制式」思維，可能是他平時就是懶於熟悉組織內有形與無形的規範與文化，換句話說，過度熟悉與投入的人可能養成直覺反射思考，反而比較無法客觀地去看不合常理的內部狀況。

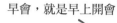

早會，就是早上開會

星期三
Wednesday

懶螞蟻效應

午茶，就是下午喝茶

晚點說，
就是晚上一點再說

你敢一點…

懶螞蟻效應
是在區別成天勤奮
與整日懶散的螞蟻
的不同下場。

出乎意料的，
成天忙碌的螞蟻
因每天都陷入固定的
工作模式「輪迴」中，
一旦失去固定的軌跡，
都不知道如何工作。

懶有分境界，
毫無察覺的偷懶，
就是神偷。
被一眼抓包的偷懶，
就是笨賊。

偷懶是需要技巧與智慧的。

危機 3：什麼人是你應該尊重但是不需要看重

負負得負，遠離「帶毒」的人物

帶負面能量的人，我們不需要正面迎擊。

因為具備負面思考與負面語言的人，這樣一個負上加負，或是負上乘負，是不會帶出一個正面思考或是正面影響力。以毒攻毒有時候只是毒上加毒，更毒。帶有毒性的人隨時會在我們的思想上、態度上、觀念上……下毒。

在職場上，這類型的人，能多敬而遠之就有多遠離多遠，該敬他三分時，就敬他十萬八千里都可以。總之，離越遠越好。可惜，這類族群最愛的休閒就是黏附在別人耳邊碎碎唸所有負面的事情。她看到冰淇淋想到感冒，看到披薩想到肥胖，看到加薪想到加班，看到新進人員想到離職率。可怕的是具有負面思想的人常常是沒有自知與自覺的能力，這就是一種習慣。

綽號黑糖的甜甜，看事情似乎不只是帶有色眼鏡，還是深黑墨鏡，所有入她眼底的事情都像是災難與衰事。喜事在她眼裡也是沒事找事，別人結婚時，她就說花那麼多錢拍婚紗，離婚時連資源回收桶都不能丟；別人生小孩時，她說現在養兒根本不能防老，只會疲勞……。

久了，別人也不會跟她分享喜事，免得招惹一些不中聽的

負面語言。

對付負面的人，別想以正面思考跟他拔河，還是心存「人各有志」並接受「一樣米養百樣人」，彼此尊重就好。

另外，我們都知道「賤人就是矯情，好人就是濫情」，不要因為職場上你看不過的矯情或濫情壞了工作的心情。前者四處樹敵，後者處處討好。在職場上不要得罪賤人，當然也不能侵犯好人，這兩種人都該敬而遠之，閃而躲之。

⚑ 給不了器重，也給得了尊重吧！

敬老尊賢似乎不僅是退了流行，還變成傳說與神話。

職場老鳥常常忘了自己有多老派與老套。就像是拜犬女王常常穿哈囉凱蒂，忘了自己的年紀。人不服老是常態，也算是變態。因為，既然生老病死有一定的時程，硬要裝嫩裝小，實在是沒必要，多了，只是讓人反胃與反感。

老，不可惡，可惡的是老套與老派卻渾然不自知。

老鳥的老態之一就是「常常以過來人」的姿態說話與做事，這樣的危險就是用開火車的方式開高鐵，雖然都是交通工具，但是，時代不同了，設備進步了，很容易脫軌。

老鳥有老鳥的問題，菜鳥有菜鳥的狀況，彼此間更是有差異與代溝，這當中沒有誰對誰錯，各自有在職場上的價值，即使無法認同對方，也該認識對方，即使無法器重對方，至少要尊重對方。

老鳥常犯的錯就是自以為自己樣樣我行，事事我懂，通通我會。菜鳥聽到這類「宣言」時不需要大動肝火，換個角度想：「好啊，你最行，你都懂，你都會，反正你是老鳥，本來薪水就比較高，還有，這是你的責任，你要搞砸，你家的事。」

　　樣樣我行，事事我來，通通我懂，把這三種話當口頭禪的老鳥，在職場中還真不少，可能是媳婦熬成婆還改不了小媳婦的心態與做法。事必躬親實在不適合主管用來當作座右銘。頂多，做個墓誌銘吧，等自己忙到掛吧！

📌 職場老三害

　　英文有句俗語說：「Getting older but not wiser。」中文翻譯為：只長老，不長腦。

　　老不是一種現象，而是一種態度。

　　職場三害：老闆娘、老屁股，和老自以為是。

　　可怕的是，有時候會遇到「三位一體」的終極加強版。

　　台灣中小企業達九十七％，約莫一三六萬多家，所以，「老闆娘」這角色絕對不會少於幾十萬。留學澳洲的好友J曾感慨地說：「五張專業證書的還是輸給一張結婚證書的。」她的慘痛經驗是她的老闆娘有嚴重的「被害妄想症」，總認為員工就是來分食公司利潤的，卻不知道勞資雙方是對等的，之間是專業與報酬的公平交易。因為是小公司，老闆娘常以各種名義

扣錢，例如：服裝不專業、上班時間處理私事（其實只是接一通電話……）。

　　然而，比起老闆娘的名正言順，老屁股就是典型「倚老賣老」。老屁股在許多萬人公司裡是必然存在的。全球最大封裝測試的某主管這樣分享「需要鯰魚也需要死魚，需要蘿蔔也需要棍子，不是每個人都是適用拍拍手鼓勵的這一套，有些人確實需要你踢他一腳……。」而鯰魚可以刺激組織活化，死魚可以警惕組織僵化。

　　親身遇過最可怕的「老屁股」，就錯把「資訊當知識」，換句話說，就是拿「常識當本事」！這位歐巴桑以前是公司的作業員，熬久了，八卦累積夠了，對公司的什麼人什麼背景很是了解，最後撈到了個行政單位助理工作，但是，累積二十年的八卦終究是腦袋空空、眼皮鬆鬆……，年資一滿可退休，公司馬上辭退她，但這歐巴桑還是靠著「以關心之名，行八卦之實」的八面玲瓏進到一家私人企業擔任總務。總務這位置，真是「總字輩」啊，申請文具要看她臉色、初二與十六拜拜要看她氣色……，真是「公司有一老，大家都想逃」。

　　說到「老自以為是」，這不是老人症頭或是初老症頭，自滿這病症發生在各種年齡層，自滿是學習的絕症，因為一旦自滿了，他人的意見都是多餘。前年在職場遇到一位剛從學校畢業的碩士生，典型「碩士不會做事」的嘴臉，但是他並不覺得不會做事是他的問題，以他的認知，堂堂一個名校的MBA就是

要做管理工作，所以他眼中的「秘書工作」任何一樣他都不屑學習，做表格、送簽呈、找廠商詢價……，他沒有理解到即使是一份簽呈都內含著流程設計、成本計算、組織層級設計……等等的學問。所謂內行人看門道，外行人看熱鬧，自以為是看自己知不知道。

職場老三害無所不在，別妄想學周處除三害，因為這老三害是必然存在，只要有組織，就有老三害。所以菜鳥面對老三害的最佳態度是「YES」。

「Y」是young年輕，保持菜鳥的新鮮感與對事情的「好奇與質疑」，不要被老三害同化、污化，甚至老化，認為所有不合理的狀態是常態。

「E」是Excited興奮，小白領要勇於挑戰新事物，當老三害把額外的、分外的、意外的……工作丟給你時，抱持著「嚐鮮」的態度來處理吧，不要在自己職等還很小時就設定「舒適圈」，抗拒所有的嘗試與挑戰，如果剛出社會就劃下舒適圈，恐怕這舒適圈只容得下「立正」站好，而不能趴下或躺下工作。每一個工作者都有權力選擇「只窩在一個小小的舒適圈」，但是，小白領要記得，不要太早就劃地自限了！

「S」是Smart聰明，關於聰明，這裡要提倡一下「大方向要有小聰明，小細節要有大聰明」。方向人人會抓，例如，要辦公司聚餐，目的不外乎聯絡感情、彼此了解……等等，所以，如果能在這大方向上用點小聰明，在聚餐時巧妙安排座

位，而不是只是把辦公室的小團體結構像是換佈景一樣移到聚餐場所而已，而是加入「破冰」的情境製造，如此一來，一頓飯的價值就不只是吃吃喝喝而已。至於小細節要有大聰明就是要有迅速判斷輕重緩急的能力，即使是老三害在旁邊催促、催逼、催趕⋯⋯都不要因為受「催、催、催⋯⋯」而忽略了工作細節，小白領的工作很多都是細節執行，若是失去了正確掌握細節的能力，小白領的工作價值就更微小了，所以，大聰明是能夠掌握自己的速度與進度，而不受外界太多干擾。

📌 「無頭蒼蠅」與「多頭馬車」

職場上，對下屬與後進而言，無頭蒼蠅與多頭馬車的領導一樣糟糕，一個就像是踩到狗屎後摔入水坑，一個是踩入水坑後跌進狗屎，硬要論「衰」與「極衰」，後者可能更倒楣。

一個心無定見，眼無遠見，耳聽不見的主管，就像是無頭蒼蠅，會讓跟隨他的人跌牆撞壁，不知所措，這樣的人領導別人辦事，不只是會事倍功半，還是費了九牛二虎之力，結果只能吹灰，毫無進展。

如果說無頭蒼蠅式的主管會讓人手足無措，那麼多頭馬車的領導更會讓部門五馬分屍，分崩離析。沒有目標的前進，不算是進步，多重目標的搖擺，更是動搖人心。

「帶人要帶心」在領導意義上就像是「要抓住一個男人，要先抓住他的胃」，換句話說，如果一個主管用對待情人的方

式對待下屬，只懂得用美食與饗宴餵飽，恐怕只是花錢而不是消災，因為多數下屬如果知道上司請大家吃飯只是為了「討好」或是「拉攏」，多半會先貼上負面標籤，例如：果然如我們所料，她自知理虧，良心發現，要用食物收買我們。

★ 有關係就沒關係

即使有人說過，年輕的最大本錢就是有條件犯錯。換句話說，就是你還很年輕，時間多的是，機會多的是，好像可以慢慢摸、慢慢磨，邊走邊摔沒關係，邊走邊跌沒關係。事實上，摸跟磨，摔跟跌都是不可避免的，重點是要跌倒後快快起來，快快跟上。

對於剛起步的職場新鮮人，犯錯還要看狀況，有時候你挨罵受責不是你犯的錯多大，而是你犯到的那個人「關係多大」。

阿娟跟娜娜正為「屬於誰的責任」這事吵得不可開交，旁邊的同事都視若無睹、聽若無聞，不動聲色地任憑她們兩位狗咬狗。娜娜向來是很會推事情的，尤其是跟新人交手時，她更是會得寸進尺，就是仗著新人不知道界線在哪裡，明明是共同負責的工作，娜娜總是會把自己設定為「監督」的角色，完全不想花力氣。

這次被阿娟逮到她把自己的工作推到她頭上，阿娟簡直是氣炸了。於是兩人就吵起來，阿娟也不是省油的燈，她就是看

扁娜娜即使是十年年資卻還是頂著「專員」的職位，所以敢以菜鳥之姿反抗老鳥，她心裡想著：「總不好侵犯副理、經理，那我也不能連個專員都應付不了吧。」

阿娟不只是心裡想，這次還用嘴巴怒吼著娜娜：「妳別以為妳偷塞工作給我，我都不知道？」

問題就是一個年資十年的專員，不是應該知難而退嗎？眼巴巴地看著後進都前進了，不是主任就是副理，哪有人還可以在績效年年墊底還相安無事。問題就是娜娜其實是有後台的，她頂多只是個「沒有企圖心的股東小女兒」，怎麼也不是「沒上進心的老專員」，她在這公司上班只是殺時間，至於為何安排在人資？因為在這公司肥貓只能養在人資部。

阿娟這次誤踩這個隱藏版「關係網」，簡直像是一隻肥滋滋的蒼蠅飛進一張蜘蛛網，等著受死。

所以，如果你是職場新人菜鳥，實在不能仗著年輕就以為可以不懂事，初生之犢不要傻傻地不畏虎，初生之犢就是該怕老虎，甚至應該連老虎貓科家族的大大小小都要敬畏一下，不管是虎還是貓，因為小貓也是皇親國戚啊，這層關係實在不容小覷。

關鍵就是如何分辨貓科的皇親國戚。狐假虎威、狗仗人勢的皇親國戚是最憋不住氣的，因為他們贏你的就只是關係這一項，但是光是關係這一項就足以治很多人。小人得勢的嘴臉總是比君子得道的笑臉難看。

說到關係，大公司有大公司的關係網，小公司有小公司的關係鏈。大公司的關係網就像是蜘蛛網，跨部門、跨單位、跨職級，四面八方都能及；小公司的關係鏈就像是食物鏈，一條臍帶牽扯一掛人，陳董事長的弟弟是總經理，總經理的老婆是採購經理，採購經理的秘書是堂妹……，所以小秘書也不可以得罪，所有的關係都跟你在那家公司的發展很有關係，這就是要你初生之犢不僅是要怕老虎，還要敬貓三分。

　　以上情境劇透露許多可能的蛛絲馬跡，事情絕非單一條件促成。

　　首先，阿娟對於她認知的不公大可以自己生悶氣。你或許會問：「對於不公難道只能自己生悶氣？」然而對於職場新鮮人而言，這些初入職場叢林的菜鳥或許只是少見多怪，把常態看成變態。這就會犯了第一條「抗壓性較差」，所以常常為了一點自認的壓力而討公道。

　　再則，第二條「不懂愛裝懂」在阿娟身上就是誤判專員身份只是專員身份，別小看年資十幾二十年的小專員，她的職位或許小，但是她的歷練卻是老，光是老這字就可能是老狐狸或老馬的身份。

　　最後，「講話很直接」這條阿娟可是責無旁貸，推無可推了。對著娜娜怒吼這不僅僅是說話直接還是罵人進階，謾罵中還夾了個「偷」這種重字眼。偷拐搶騙可是犯罪字眼啊！

　　總結，阿娟有錯嗎？她被實實在在地偷塞工作，她不能為

自己出頭嗎？錯就錯在她不懂得一個組織裡的關係網，這關係網有時是有形的，例如：經理指派工作給組長，再由組長發派工作給小組員。有時是無形的，某某某是總經理的外甥，誰誰誰又是董事長的小三的妹妹。

搞懂了關係網，才能在組織裡自己拉起一條人際線，一條一條的人際線才能組成一張具牽制功能的人際網絡。

📌 職場上的梯子與台階

如果你很有才情，好比楊修，你不只需要一位曹操來肯定你，還需要曹植、曹丕等王子願意與你交朋友。客觀上，職場上存在階層觀念，高層主管就是階層的形式，這是企業館裡的階級意識；主觀上，也存在階級觀念，總是有人小人得勢，靠著趨炎附勢之後會對你放火點煙。所以人在職場，不能沒有一點高層關係，可以是賞識，可以是重視，也可以只是共事。

總之，有關係就沒關係，沒關係就有關係這理論在很多時候是可行的，如果你自喻是個不喜歡攀親帶故靠裙帶關係處理事情的人，這不是清廉，而是孤島，就像是你工作的電腦沒有任何對外連線。如果你不知道如何牽上關係，以最近常被提到的「六度分隔理論」（6 Degree of Separation）為例，將這公式帶到你的職場權力關係網絡上，你將發現其實你不是孤軍作戰或孤助無援，別把自己設定成職場「孤兒」。

功高震主是挑戰階層的「大破招式」，破的可能是階層關

係，破的可能是創意窠臼，破的可能是傳統思維……，要看管理者如何有智慧處理或接受這個「下一世代」更具創意力的現象。

如果你比主子優秀，而他也能很讚賞你地說：「我才不及卿，乃覺三十里。」以白話文來說，他說他自己輸你好幾公里，或是以現代語法來形容：「你是光纖，我是撥接。」或是：「我輸你八條街。」

如果你的創意夠好，超前別人的思想一大步，別人會偷笑你。IBM要發展個人電腦的想法，意外地成為笑話的原因就是「超前」市場需求的想像。

如果你的創意太好，超前別人的思考兩大步，別人會取笑你。賈伯斯被自己的公司開除就是創意不只超前市場需求的預測，更是超越人們的想像。

要在職場上創新，需要的除了創意以外更需要面對「差異」的勇氣與處理「被嘲笑」的智慧。少見多怪的人多的是，尤其是發生在所謂的「假性公家機關」上班族，這些人，顧名思義就不是在公家機關上班，沒經過任何國家特考、高考、普考……，但是因為所任職的公司規模夠大，大到媲美「樹大有枯枝，族大有白痴，公司大有笨豬」的藏污納垢規模，有些人「方便行事」的草率態度更是比真正公家機關有過之而無不及。

郝廣才對創意下的精闢說法：「會被大家取笑的創意，才

會成功。」從暢銷小說家到賣座導演的九把刀也針對「好創意會被笑」補充道：「說出來會被嘲笑的夢想，才有實踐的價值。」以上最大公約數就是「好創意一定會被笑」。

認清狀況，是小白領的求職第一步。有時候在職場上打滾需要像個水電工，知道上上下下地修補一些關係漏洞或知識差異。當你得理時，記得擺個台階給對方下；而當你焚膏繼晷、嘔心瀝血想出來的好創意被否決時，你要自己端個梯子，在被關上門之後自己找到天窗爬出來。

很多時候另外開的窗不是你可以應付的高度，預備梯子就是預備另一項才能，可能是好的溝通術或是好的交涉術，創意之所以不被接受或理解，或許不全然是對方的關係。教育訓練就像是績效考核一樣，也是需要360度轉向各層級，有時候下屬要學會軟性與「無形式」地教育自己的長官，切記，不是每個主管都把曹操對楊修的典故當作管理下屬的範本。

軟性跟無形式就是避免「說教」與「展現」的態度。在碰上有必要教育主管時，切記要做到「不露痕跡」。

蝴蝶效應 The Butterfly Effect

不以惡小而為之。不要小看負面意識，所有惡形惡狀都是從「那個壞念頭」衍生出來的。

蝴蝶效應的典故是指在南美洲亞馬遜河熱帶雨林中，偶然中，一隻平常的蝴蝶搧動了翅膀，幾星期後，在美國德州颳起了龍捲風。這其中的「事情演變」意義大過實質的大氣理論。目的在說明很多事情都是一開始的容忍、隱忍、不忍，導致最後一發不可收拾、不可原諒、不可挽回。

過去英國有這麼一段民謠：「少了一個鐵釘，丟了一隻馬蹄；少了一隻馬蹄，丟了一匹戰馬；丟了一匹戰馬，敗了一場戰役；敗了一場戰役，失了一個國家。」從丟失一個鐵釘到丟失一個國家，如果小問題不解決，就會變成大災難。

在一個辦公室裡，如果大家習慣用負面的角度看事情，久了，這種你唉聲嘆氣而我呼天搶地，就會變成部門文化，整個部門就會很習慣這樣的負面思考，看到加薪想到工作變多，看到擴廠聯想到又有人要進來受苦，看到聚餐想到變胖……。

負面思考就像是感冒病毒，透過口沫就可以傳染，如果不防範，就會演變成一人感冒，全部門都咳嗽，無一倖免。

螢幕突然變白…沒人反應

螢幕突然變藍…沒人反應

螢幕突然變黑…沒人反應

天黑了，可以下班了

蝴蝶效應

不以惡小而為之。
一粒老鼠屎不只是會壞了
一鍋粥，也可以壞了一家
餐廳的聲譽。

蝴蝶效應說明
一點小疏失引爆大錯誤的
「星星之火可以燎原」。

試想，會計助理在支票上
多放一個零，
10元變100元
還不是太大的坑洞，
但如果10億變成100億呢？

職場話術——
狗嘴要吐出象牙

A Face-off
for Your
Career

當誠實與好話相牴觸時，選擇沉默。

當實話與好話難兩存時，選擇沉默。

當自己很難欺騙自己硬擠出好話時…

不說話就是最好的話。

好聽的假話永遠比難聽的實話動聽。

話動聽，才有讓人動心的可能。

人動心，才有讓你升遷的可能。

職場溝通的技術與計謀

我們常常說「你怎麼都不坑一聲」，然而說話不比放屁，說話不是出出聲音而已，要怎麼說的比唱的好聽，就是功夫。

技術上而言，我們要知道什麼話該說，什麼話不該說，光是這個該說與不該說，就可以讓人搞得昏頭轉向、昏昏欲睡、昏天暗地。如果再加上什麼時候該見人說人話，什麼時候又該睜眼說瞎話，而什麼時候要該見鬼說鬼話，這門學問是無止境的「學與問」。

計謀上來說，三十六計中有很多值得我們借鏡與學習的，舉例：指桑罵槐、借刀殺人、笑裡藏刀、瞞天過海……，這些都是在職場上謀生求生的自保之道。光說瞞天過海這一計，誠實說實話當然是美德，但是對敵人太誠實就是對自己太殘忍，所以，可以瞞天過海時就不要去興風作浪，可以笑裡藏刀時就不要明槍暗箭。

舌尖是最利刃的武器，口水是最傷人的毒液。要傷害一個人，有時候幾句話就夠了。

職場像戰場，戰場上的各種手段，職場上都能見識到。只是戰場上流的是鮮血，職場上流的是心血。職場上的論功行賞，得勢者雞犬升天，自然像是遊戲場；然而失勢者，豬狗不如，自然像是墳場。你的職場是遊樂場還是墳場，就要看個人的職場福報與造化。

★ 接話大王，沒話陣亡

貝貝是個說話需要在腦袋先三思後，再九彎十八拐地從嘴裡不著邊際地說出口，你問她要不要一起吃午飯，她會把所有的情節都想過一遍：你是基於同事情誼要約我吃飯，還是礙於中國人的客套問我，你是對我有什麼想法要約我……，然後悠悠地問：「吃午餐是要中午吃嗎？」

吃午餐不是中午，難道是晚上嗎？

然而苳苳卻是一個二百五的八婆，總是口不擇言、口無遮攔。苳苳的那張嘴，沒有人敢討教或領教。她也仗著自己這點優勢，肆無忌憚地在許多場合用話把「任務丟出去」。

一日，部門會議，主管討論到新的專案，正要指派專案負責人時，主管依慣例要大家提出對這專案的看法，好從當中知道誰對專案最瞭解與最有想法。

其實貝貝向來是筆記高手，因為她基於怕錯過與漏掉任何重要訊息，所以她的防呆措施就是通通收錄到筆記上，白紙黑字，以利呈堂證供。相對於貝貝的隻字不落、滴水不漏，苳苳就是聽個大概，反正知道個大概，人就可以活了，人要呼吸，但是大氣中有什麼元素，知道不知道根本沒差，還是可以活下去，哪需要這麼費神。

這次兩人終於針鋒相對，表面上貝貝是討不到便宜的，哪知道，原來苳苳的話是經不起長時間考驗的，她那美麗的詞彙

下，暗藏的毒辣私心很快就會暴露出來。

會議上，主管先把任務說明之後，問大家有沒有問題。依慣例，大家知道只要不提問題的人，就會被視為「對這專案沒有疑問，很有信心」，於是大家就會上演一齣「裝瘋賣傻」的大戲，開始亂提問。

苳苳是箇中好手，最擅長「鬧場」，什麼牛鬼蛇神問題都敢提，還是個接話大王，別人說春天，她就說西天，別人說彩虹，她就說落紅。這次的會議明明討論「當國外客戶來稽核時，該部門要如何做全方位的準備」，她就能扯到「其實客戶稽核時最重要的是會議茶點……，因為吃人嘴軟嘛！」馬上就被主管打槍：「外國人哪裡吃妳這一套『吃人嘴軟』的理論，妳不用負責這案子，妳顧好自己就夠了。」

苳苳正在為自己慶幸閃過這任務了，哪知道貝貝這時候翻起筆記，笑笑地、悠悠地說：「上次英國某大公司來時，苳苳就提過這建議，每次都提一樣的，好沒創意喔。」

貝貝當然是半開玩笑的，但是這半句話就足以點醒主管，原來有人混水摸魚慣了，遇事時，就會先把一池清水搞濁，像是放煙霧彈一樣，然後趁亂逃脫。

苳苳簡直是晴天霹靂。萬萬沒想到有人會去記得這些上不了檯面的會議抬槓話，加上已經是事隔多時，如果不是貝貝這個愛做筆記優點，又怎麼讓會苳苳這種「躲避球＋踢足球」做事態度的沒能順利躲過或踢開呢！

「言多必失」這是人人都會犯的錯，所以面對接話大王，我們不需要因為接不上話而自棄，只要認真地聽，知道對方那些花言巧語底下暗藏的是什麼動機，只要知道對方的動機，再利用對方話語的破綻來反擊。反擊不需要像是詠春拳要連續出招數十，只要找對位置，一槍斃命就已足夠。

★ 閱讀空氣的本事

　　俗話說：「一樣米養百樣人」，台灣的米好幾十種，台梗九號、西螺米、濁水溪米、有機米……，幾十種米乘上幾百樣人，形形色色，豈是單獨一項「占星術」可以透澈的。所以，除了「占星術」，職場生存還需要懂點「讀心術」。

　　職場要樂活，就要先苦後甘。苦在先做足功課，摸透所有關係人顯性的做事方法與隱性的做人態度。「不二過」這話就是在提醒我們別人的地雷踩一次就該避開，也就是說從失敗中記取教訓後，就不要一錯再錯，錯了又錯，最後甚至養成犯錯的習慣。

　　潘潘是個大眼妹，假睫毛要戴兩層，睫毛膏要刷「加長與濃黑」型的。但是，有了雙假性大眼也開不了她的心眼，她常常是不長眼地觸犯到其他人，不知道是有心還是無意。

　　例如，一回，公司行銷顧問在自吹自擂自己的風采與光彩時說到：「很多人都說我有一種特殊的味道……」，這位外型犀利哥型的顧問話還沒說完，一旁的潘潘就說：「真的，每次

你經過我身邊，我都覺得你身上有股味道，我還以為只有我這樣覺得，原來還有其他人這樣想。」

潘潘的話讓現場所有人像是在玩「一二三木頭人」，頓時鴉雀無聲，時間彷彿靜止似的。

潘潘可能至今都還不知道為什麼顧問總是使喚她像個小妹，還故意藉機消遣與消費她：「潘潘啊，妳真是漂亮得像公主。」大家都知道那顧問是雞腸鳥肚，有仇必報，所以心裡都明白這「公主」的貶意是「回家當公主吃自己吧，不要出來當工作者害別人。」

「失意的人看背影就知道，得意的人聽腳步聲就知道」。一個人的得意與失意，常常不需要太多言語。潘潘就是一例。她如果前晚跟男朋友吵架，隔天上班一定是撲克臉。她的喜怒哀樂總是很清楚地表現在臉上，不只一次被主管說過不要把私人情緒帶到辦公室。她自己覺得這是真性情的展現，認為自己無須偽裝或假裝，甚至還洋洋得意自己的「做自己」。

職場不是一個做自己的環境，即使是創意類工作。

記得某大行銷公司總經理跟我分享過，他說他底下幾十個創意人，常常把創意搞到自己身上而不是作品上，例如：穿鼻環、刺青、穿垮褲……。有些是私領域的，例如刺青，他就不多過問，但是他嚴格規定在辦公室不可以換穿拖鞋。我問過他為什麼，他解釋：「這就像是麻布袋開了個口，一旦開了個小方便，他們一開始只會在自己位置上穿拖鞋，久了，出外用餐

時、甚至開會時、對客戶簡報時……除非你開口制止，否則，他們就失去了界線。」

說到開口制止，想起我在某集團上班時，管理部主管是位「跟著龍捲風上天的雞」。記得一位年輕創業家說過：「景氣就像是龍捲風，景氣夠好，別說老鷹高空展翅，連雞都升天了」。真是有道理，那位部門主管就是在這樣的景氣之下升上上位的，所以，說到底，是景氣一過就撐不住局勢。

那位主管總是很情緒化，對於下屬的報告，如果內容有她不懂的，別說寄望她「不恥下問」，她是直接以「上頭指示」堵住對方開口。我們這些後進很快就知道她的死穴，所以，能閃就閃，會議中盡量用「大白話」報告，避開專業術語。這的確是為難了一些國外回來、報告時習慣中英夾雜的成員，但是，長眼的都知道「表現自己」就是對照這主管的「內心不堪」。

但是，就有人不長眼。某資訊人員竟然在會議時自以為好意地特別準備了一份加註說明的報告給管理部主管，那份資料簡直是「資訊專業用語快速查詢表」。管理部主管看到時臉色何止一陣白一陣青，根本是「青天白日滿地紅」三色花臉。

有時候，過多的表現是在打其他人的臉，甚至是想要討好的那個人。所以，求表現時要先看場合，也要聽風向。

例如，總經理又看了企業管理的書，開始推行「先把對的人找進來，再找適合他的位置」，這種「美規」管理真不適合

中小業95％以上的台灣，哪有這麼多公司可以「養兵千日，用在一時」，幾乎都是「養兵一時，用於千日」，只是透過很短的教育訓練就要員工開始邊做邊學，邊學邊做，做不完加班再做。

會看場合的都知道很多總經理多半是「形象牌」，不是「績效牌」，所以如果聽到總經理又開始從三國演義談到革命十一次，又從企業改革談到企業再造，就只要當下認同就好，掌聲叫好就夠！無須當真要落實一些「口號式」政策！畢竟，資源有限，要知道如何把不該當真的話別當真，這就是「讀心術」的學問！

馬蠅效應 Horse Flies effect

在職場上常常會遇到過一天算一天的人，如何跟這些人相處，不是要同流合污就是要保持距離，人不要太「相信」自己的定性，「近朱者赤，近墨者黑」這種耳濡目染是無形而有力的。

馬蠅效應說的是即使再懶惰的馬，只要被馬蠅狠狠叮咬，也會突然加速飛奔。問題是哪來的馬蠅？馬蠅是個激勵與鼓勵的條件。

需要被激勵與鼓勵的不只是懶散的人，還有「吝於表現」的人。前者是習性使然，他們已經習慣把自己當作工廠自動化的一個螺絲，只要每天原地轉轉轉，不求前進也不求改變；後者是覺得現況中沒什麼好突破的，即使有能力突破，因為看不到利益而轉向消極。

從制度面著手改善才是永久之計。所以如果公司有末位淘汰的績效管理可以遏止員工「小螺絲」心態，相反地，有「內部創新」獎金制度鼓勵員工發揮自己專業以外的創意賺取外快，以上就是馬蠅的作用。

然而，馬蠅有時候只是讓積極的人更積極，但是卻讓消極的人只會更積極地讓自己的消極更有理。

舉例，某公司為了要鼓勵員工提出「成本節省」的方法，舉辦以部門單位的競賽，第一名部門能獲得高額獎金。這活動正面

意義是要全員總動員來集思廣益想出在流程上、工作上、會議上……可以提高效益與降低成本的方法；負面意義是希望大家各自檢視自己的工作表現，甚至檢討自己是否有浪費時間或資源的狀況。

結果一個月之後，某單位平常業績已經是全公司墊底，這次不只是墊底，還是探底——因為破了公司的業績歷史新低。這部門當月的績效在全公司表現最差，因為全員總動員在「如何掩飾與解釋自己的浪費行為」上，比平時更花時間與精力，這具美意的活動對這本來就墊底的部門而言，他們不是要追求第一名，而是不要被公開「稽核內部行政流程」，無形中更是大大浪費公司資源。

馬蠅不是隨便叮，就像粗糙地舉辦內部競賽，為了舉辦而舉辦的活動是得不到正面價值的，可見虛設比不設還更可怕。

不要再SOP了，通通STOP

馬蠅效應

即使再懶惰的馬，
只要被馬蠅狠狠叮咬，
也會突然加速飛奔。
馬蠅是個⋯⋯
激勵與鼓勵的條件。

問題是哪來的馬蠅？
是同僚的輕輕提醒？
是上司的重重點醒？
是自己的大大覺醒？

有時候，
那一咬
恐怕是要見血的！
不經一事，不長一智，
成長痛是必然與必須的。

既然你不是啞巴，
就要學會怎麼聽話與說話

♣ 說話的分寸，不要過大或過小

　　我最敬佩的姊姊說過：「我小時候就是愛說實話，所以常常惹大人生氣，長大後還是愛說實話，所以常常惹小人生氣。」不管是大人還是小人，事實上，我姊姊確實是很會用話改變一個人，她的話可以讓人不用整形，三秒鐘就變臉，她的話可以讓本來是低八度的人一下子變聲唱高八度。無論是變臉還是變聲，我想，不只是我姊姊，擁有這本事的人應該也是不少，到處都是吧！

　　只是讓人變臉與變聲是好？還是壞？真的很難一言帶過。

　　小人說大話，這習以為常、司空見慣。他可以把自己受的委屈形容成天崩地裂、天翻地覆，他可以把自己的小善行說成功德無量。

　　但是，大人怎麼說小話？「話」真的是有尺寸的嗎？有分大中小嗎？當然有，要不中國人不會教導我們說話要有分寸。說到分寸，說到尺寸，大人物的話要「中庸」、「中性」、「中立」，隨時都是讓人看不出他們的偏好、偏愛甚至偏見。這就是大人物的厲害之處。

　　取「中間值」說話真是一項本事。中間值的解讀有很多，通常就是不傷害兩方、不討好兩方、不偏向任何一方。

見人說人話，見鬼說鬼話，這是常識；見人說鬼話，見鬼說人話，這是沒知識；見人說神話，見鬼也說神話，這叫做太有本事。

不搶答，不插話，不當大話王

皓皓說起話來，口齒清晰，口沫橫飛，口若懸河，簡直是辯才「三口組」，總是讓對方很難插上一嘴，說上一話。加上他的反應機伶，幾乎是無所不能談，無所不能辯，他的談話內容，絕對是彈無虛發，而非散彈打鳥。

他只要一開口，別人很難說上話，就像是當年籃球大帝麥可‧喬丹的個人秀，自己搶到防守籃板、自己運球過中場、自己切入禁區、自己閃過防守、最後自己扣籃得分。

這種人，適合唱獨角戲的演講，不適合團體的辯論賽。

皓皓這種天賦異稟並非總是讓他無往不利。

事實上，因為他的多話，把自己搞得好永遠是處在一個敵暗我明的劣勢。可見，他沒有體會過「飯可以多吃，話不可以多說」的教訓。有時候，當個合音者反而比較容易生存。

面對侃侃而談，滔滔不絕，連連廢話的人，你多想當下變成聾子，耳不聽為靜，或是能立即逃離這種魔音穿腦的疲勞轟炸。如果遇到皓皓，閃一邊就行，然而，如果這人是你的上司，你能如何應付呢？

如果他是你的上司，關係到你的升遷，你若能順勢當個回

音谷與應聲蟲，就能過關。回音谷就是重複他的某個句子，例如，他說著：「業務的推廣第一招就是看到人就死纏爛打，咬住不放。」不管你認同不認同，或許他曾經用這招得逞過，現在就是靠這一招半式，你只要回答：「是的，咬住不放。」

很多時候說話的人不是要跟你溝通，只是想要有個聽眾，當個合格的聽眾，適時的回饋就已足夠，千萬不要搶著跟對方唱雙簧。

★ 拍馬屁與放狗屁

要得人緣，不是你要做到很好，而是要把對方想得很好。與人相處，把對方的優點放大，缺點縮小，就很得人緣。

如果你永遠只會用專業征服別人的肯定，贏得別人的掌聲，這就像是挑戰百嶽攻頂，你總不好每天爬一座高山吧，偶爾為之才可能，每天攻頂只是累死自己。

職場上能走捷徑、能抄小路，這是本事，不是壞事。適時地順應別人，讓別人順意，你也就會順心。

拍馬屁與放狗屁，同樣都是屁，卻是香屁與臭屁，前者可以讓你平步青雲，後者可以讓你步入地獄，所以，話怎麼說，屁怎麼拍，是一門大學問。

屁，就是一口氣，既然都是為了出一口氣，馬屁拍得好，又香又響，狗屁放得響，又薰又臭。我見過最經典的馬屁專家是能夠扭轉局勢、改變形勢、創造優勢。

馬屁專家要熟悉，第一：分辨馬，知道誰是野馬？誰是良駒；第二：順馬毛，拍馬屁之前要順順馬毛，討好馬兒；第三：拍對位置，拍馬屁的最大關鍵在於「位置」，拍錯位置可能不只不會討到便宜，還會為你招來厄運。

　　討好不是湊熱鬧，要看好門道。

　　4AAAA的討好老闆招式。

　　第一A：Arrive early 準時赴約，無論什麼時候，永遠比老闆先到，然而，如果老闆晚到甚至大大遲到，都要抱持「總比沒到好」的感恩之心。

　　第二A：Ask for advice 多多請教，即使是你已經會的事情，但是只要是老闆的看家本領，就當作是考前總複習多多請益，不擔心多準備，只怕是沒準備。

　　第三A：Avoid the gossip circle 避開八卦圈，因為一旦沾上八卦圈就會被老闆貼上「退避三舍」的保持距離標籤，對於八卦圈，能避就避，職場可以八面玲瓏，不可以八卦相攏。

　　第四A：Advance your education精進自己，不需要等到老闆要找進來高階人員卡在你前面時才知道自己多不足，要積極學習，努力向上。

　　4AAAA的討好，就是懂門道的馬屁，拍得響，馬就跑得好，你就升得快！

寒蟬效應 Chilling Effect

　　破窗理論是指假設有個屋子窗戶被無緣無故打破，經過一些時日，如果窗戶沒有及時修補好，就會引來更多的破洞，原理是路過的人就以為那是一戶「無人住宅」。

　　相對於破窗理論的從一個破洞引起更多的破洞，寒蟬效應是指如果大家都不做聲，就會越來越沉默，直到事情演變到無法收拾。

　　最難的溝通，就是對方不願意溝通。沒有意願的溝通，只是一潭死水，既激不起浪花朵朵，也興不起驚濤駭浪。

　　當一個團體沒有人敢發表意見時，表面的太平盛世或許只是暴風雨降臨前的寧靜。

　　蔡老闆常常對員工破口大罵，一點小錯，就是罵到狗血淋頭，導致員工抱持「多做多錯，不做不錯，多說多錯，不說不錯」的消極心態。最糟糕的情況就是在會議上，大家都噤若寒蟬，不敢隨意發言，讓蔡老闆一個人唱獨角戲，久了，蔡老闆也習慣這種單向的發號司令，甚至自鳴得意地以為他掌握了每個人。但是無法凝聚員工士氣，註定只是一盤散沙，蔡老闆充其量只是那盤散沙中的石頭，只是比較大一點而已。

　　面對自己的權益受到威脅時，「此時無聲勝有聲」這個以退為進的招式恐怕很難奏效，該挺身而出時，退縮就是讓步，讓步久了只是陷入死胡同，無法突圍。

快八點了還不能下班…

快九點了還不能下班…

啊，快十點了，
我的錶壞在三點半

寒蟬效應

當自己的權益受威脅時，
「此時無聲勝有聲」
這個以退為進的招式
很難奏效，
該挺身而出時，
退縮就是讓步，
讓步久了
只是陷入死胡同，
無法突圍。

職場上，
你不為自己出頭，
就等著對別人低頭。
當你只會事事點頭，
就只好等著被人殺頭。

雖然你不是啞巴，但是裝聾作啞也是可以的

★ 無聲勝有聲，不出聲者贏

中國人很講究留白的藝術，更追求「無聲勝有聲的」心靈相通境界。一首歌之所以好聽，不是只有主歌副歌要好，間奏常常是畫龍點睛的關鍵。對於職場菜鳥，什麼時候該保持沉默，有時候比什麼時候該說話更重要。

阿本在學校就是話劇社社長，習慣說學逗唱，喜歡發表言論。出社會的第一份工作是做個業務助理，雖然當時主管看上他舉一反三的應變能力與三寸不爛之舌的口條，但是，真的是水可載舟亦可覆舟，到職不到兩個月後，主管發現他的舉一反三能力很難聚焦與集中在一點上思考，想法太過渙散與跳躍；加上他三寸不爛之舌常把話說得天花亂墜，更是讓主管反感。可見蜂蜜雖甜，過多也是會膩。

主管最受不了阿本只有開口的本事，沒有閉嘴的能力。社會新鮮人最忌諱愛現，因為一旦愛現慣了，就是準備要掀底牌了，新鮮人再有本事，還是經驗不足，能現多久？獻寶現完了，就只剩下獻醜了。

相對於阿本的開得了口，閉不上嘴，阿萊不知道從哪裡學到一套理論，就是他自稱的「70分理論」，他不求表現最好，但是也不想落入末位，他就在中上水平遊走，等到該是時候展

現自己時，他以這一招半式混得還不錯，他明明有不錯的口條，但是他通常都會先隱忍，先觀察別人的溝通能力之後才決定如何出手，然後在關鍵的時候贏得「我不知道你口才這麼好，真是一鳴驚人」的絕佳印象。

要一鳴驚人的人，要學會長時間的默不做聲。只在必要的時候展現自己。

★ 話說破了，只是破壞感情

記住，如果你身邊有個常常犯「很明顯的錯」的人，而且還一錯再錯，錯了又錯，你就要小心，不要當那個破題的人，不要瞎了眼地去惹禍上身。

想想看，為什麼這麼明顯的錯，只要有眼睛的都看得見，卻沒人要主動跟他說，因為沒有人要當那個「破題」的破壞王。因為一旦說破，有可能就是要跟對方撕破臉。

沒有多少人有智慧與勇氣去承擔別人的指正。

有次朋友聚會，妞妞一到就開始抱怨幾天前一大早發生的事情。妞妞當時懷孕五個月，即使她很節制與很刻意地在控制身材，但是身形上還是可以看出「她是個孕婦」。

很多孕婦「除了」在捷運上希望別人看出她是孕婦而自動讓位，其餘多數時間，她們喜歡聽到的是「啊，看不出來妳已經懷孕五個月。」

妞妞那天一早進辦公室時，背後有人喊她「從後面看，

妳好像是米其林輪胎，一圈一圈的，加上你還穿白色的，更像。」

妞妞當下沒回話，只是回到座位上開始抱怨，她先向隔壁的同事說：「我真的看起來很胖嗎？」

這種問話方式，聰明人都知道是要尋求慰藉與肯定，長眼的就會說：「不會啊，妳都還穿得下平常的衣服，哪裡胖了？」其實這話是話中帶話，妞妞都已經是懷孕五個月，還是不願意穿上那「燈罩式」的孕婦裝，總是把過去合身的衣服穿成緊身，寬版的衣服穿成窄版。

妞妞一五一十地把米其林的事情告訴她的鄰座同事。鄰座同事只好發揮同事愛，化身和平天使，好好安撫妞妞。

哪知道，沒多久，那同事在茶水間遇到那位罪魁禍首，她就拍拍她的肩膀像是肯定她的壯舉，就說了：「妳真敢講，還說米其林，那天她穿橘色緊身洋裝時簡直是南瓜，一道一道的肉，那才可怕。」

「哪有，她上次穿大地色的衣服，我還一星期不敢吃糯米腸……」妳一言，我一語，她一句，幾個三姑六婆就這樣七嘴八舌地談論起妞妞。

妞妞獲得鄰座同事的安慰還覺得不夠，還是很喪氣，於是回家時又問了老公：「老公，我是不是變成又胖又醜的肥婆啊？我同事笑我是米其林。」

她老公當然不願意惹老婆生氣，心想著：「言語是銀，沉

默是金，好話可是一閃一閃的鑽石。」於是就開始放閃說好話：「妳哪裡有又胖又醜？妳還是像十年前我剛認識的學生妹，很有氣質。」

妞妞因為第一個人說了實話而不開心，她當然有權利不開心，因為喜歡怎樣穿衣服是她的自由，只要不違背公司規定，她愛怎麼穿就怎麼穿。但是，事實上她已經成為同事茶水間的笑話，這點，她當然可以來一個「眼不見為淨」，沒聽到就不知道。然而，她不喜歡聽實話的形象會是很大的敗筆。不愛聽實話的形象甚至可能會影響別人對她工作的評價。舉例來說，如果她在工作上犯了錯，而那錯是可以被修補或是殺傷力不大，但是卻沒有人願意跟她說要如何更精進工作。

妞妞可以有更好的解決方法，例如，要氣那個說米其林的人就氣吧，但是氣過後要思考一下，是不是自己真的是有些衣著不得體，然後有技巧地問隔壁的同事：「我覺得我今天穿這衣服有點太緊，好像寬鬆一點比較舒服？」

或許這時候同事就有機會把實話一點一滴地透露出來：「妳可以去問之前懷孕的同事啊，她們都很知道如何穿舒服寬鬆的衣服，問問過來人會很有幫助的。」這位鄰座同事真是說話高手，能夠見風轉舵，見機行事。

這故事讓我們知道，不要當破題的人，也不要當妞妞，前者要能承受別人「說話太直」的指責，後者會逐漸失去「聽到實話」的機會。

猴子理論 Five Monkeys Theory （Wet Monkey Theory）

　　五隻猴子關在一個籠子裡，籠子上面掛一串香蕉，只要猴子伸手抓到香蕉就會啟動自動撒水系統，然後籠子裡就開始撒水，其餘的猴子就伸手擋水，反覆幾次，這群猴子就再也不抓香蕉了，因為牠們產生了聯想：「抓香蕉就會被水淋濕。」

　　這時工作人員換掉五隻猴子中的一隻，補上一隻新的猴子，當這隻新來的看到香蕉想要伸手去拿時，在還沒摸到香蕉時就被其他的猴子制止，並痛扁一頓，並且警告不可以再去摸香蕉。

　　當第一批五隻親眼目睹過「抓香蕉就撒水」的猴子都被換掉後，後來的猴子還是謹記著「不可以抓香蕉，因為抓香蕉就會被痛扁」，卻早已經不知道為什麼抓香蕉就要被圍毆。

　　研究者定義這是「公司文化」的形成。

　　如果你到一個新公司任職，看到「不尋常」的事蹟，或許是你少見多怪，或許真的背後大有文章，不管哪一個「或許」，不一定要打破砂鍋問到底，還要問砂鍋在哪裡。只要這些不尋常不會影響你正常工作，得過且過有時候會讓自己更好過。

　　職場上沒有在選好人好事代表，只會表揚績效好的人，所以，把重心放在對的事情就好。

學英文只要有環境，
四處都能學

要四處都可以學英文

我四處都貼了學英文

猴子理論

職場上不只有猴戲，
還有太多帽子戲法，
我變我變我變變變……
不尋常的變傳統；
不正常的變慣例；
不平常的變特色。

每個公司的企業文化養成
都千奇百怪，
你只能見怪不怪。

職場就像馬戲團，
該耍猴戲時就當猴子，
該跳火圈時就當獅子。

醜話要好好說，
快人要慢慢語

✈ 嘴巴雖長在耳朵前，但是說話前要先聽

墨菲定律衍生版「別跟傻瓜吵架，不然旁人會搞不清楚，到底誰是傻瓜」。遇到有理說不清時，也不需要無理吵到翻，這是沒有意義的。

在職場上，同理可證，別跟老闆吵架，不然旁人會搞不清楚，到底誰是老闆。因為按常理、照規矩、依慣例，能大聲說話的人都是老闆，所以新人菜鳥實在是沒有必要在口舌上搶贏，又不是在KTV比歌喉，誰有麥克風誰大聲，不需要飆高音、拉長音。有時候，默默的，就是最好的回答。

說到「默」，職場溝通有三默，當然不是哀默，而是順默、沉默、幽默。

- 順默，意思是你願意順從當時情勢然後保持靜默無語，白話說，就是你認栽、認賠、認錯……一切都認了，然後也接受、接納、接收……就是不接話，樂於默不做聲。

- 沉默，不表示你默認你的過錯，也不表示你默許他們的責難，沉默就是你覺得多說無益、再說無力、不說不氣，這態度多半是放手了、放棄了、擺爛了。

- 幽默，這可是最高境界，可以化腐朽為神奇，化危機為

轉機，化壁虎為老虎。幽默不只是說的人需要有天份，聽的人也需要有天份，畢竟不是每個人都有幽默神經。

溝通中有暗石有暗礁

溝通，就是在一條溝裡通一通，讓水好流，船好走，貨好送，人好遊。怎麼這樣一湊就是符合孫文上書李鴻章的境界：「人盡其才，地盡其利，物盡其用，貨暢其流。」溝通能做好，果然就是國泰民安，風調雨順。

人與人之間，如果彼此能通，就無所不說，無所不談，彼此也就能知己知彼，你知我知。但是，如果溝裡有暗石阻礙呢？既然都說是暗石，就是明眼人看不到的。面對暗石，只能想盡辦法知道它的位置，不要傻傻地衝上去，悶悶地碰了暗礁，暗暗地受了傷。

小張就吃過溝通暗石的虧，還是一大個虧。他上面有個小主管，小主管上面有個大主管。他不知道螳螂捕蟬黃雀在後一個吃一個的食物鏈關係。加上他常常自作多情地把場面話當作心裡話，這行為真像是吞毒藥還配農藥，不只是找死，還想死得更快！

當時他的小主管跟他說：「我帶部門很開明，什麼都可以討論，別把我當主管看待，大家都是朋友。」小張真是吃魚不挑刺，這話就絲毫一口都不咀嚼，不慢嚥，匆匆地全都往肚子裡吞。

有一次，小張急著要簽一個文件，簽核文件的正常程序是：小主管看過後，大主管壓印。這文件已經是梁祝唱一輪，十八相送來來去去退兩週，最後兩次都是改標點符號與日期，天天改，當然日期天天換。

　　總之，那天要最後「畫押」時小主管正巧不在，小張想著，反正他只是「看」的那個關卡，看來看去，該看的該改的都看了、改了，於是就直接拿給大主管簽核。哪知道當小主管知道小張「越級」呈文件時，大發雷霆、大庭廣眾之下就直接開罵，多大的官威啊！

　　嚇得小張情急之下，能擋的話都出籠：「我想說您已經看過十幾遍了？」

　　小主管說：「看過十幾遍是我在幫你成長，那代表什麼？代表你連標點符號都要我看。」

　　小張又說：「可是您最後幾次改，有些都是改回去原來我寫的……」

　　小主管說：「你知道我改錯時，怎麼就沒有說？這是你的工作，你應該最清楚。」

　　小張便說：「是的，主管，所以我知道應該可以送給協理簽核了。」

　　小主管說：「但我是主管，就是要我看過才算數，哪怕我看都不看，也要經過我！。」

　　燈不點不亮，話不說不明，人不吵不瞭。只有把話統統吐

出來，才會吐出真話。行刑逼供就是要逼掉前面那些假話與謊話。吵架當然沒好話，但是，卻會讓我們聽到實話。吵架其實也是溝通的一種，就像截肢是醫治的一種，但是，一旦動刀了，就是要犧牲了。

小張如果真做了「跳過」小主管直接上呈大主管，他唯一該做的就是道歉，並且藉由這次機會明白這小主管的真實為人。

但是，其實小張也是太過大而化之，一個主管如果連一個下屬的「用字譴詞」都要涉入那麼深，連個「喜歡」與「喜好」該用哪句都要前後著墨、左右思考、上下比對，這樣的小主管就不是在呈現「細膩的專業」，而是在展現「狹小的胸襟」。

溝通暗石雖然很難判斷它的位置，但是，其實用點心眼、用點心思、甚至用點心機，就能洞察暗潮洶湧的人事鬥爭。

★ 軟釘子與硬底子

電影「將軍的女兒」中有一句經典對白：「做事情的方式有三種，對的方式，錯的方式，還有軍人的方式。」所以言下之意，軍人的方式自有對錯論述，不是普世認知的對錯。

對應到職場上，做事的方式有三種，不外乎對的方式與錯的方式，第三種，也是常常應用與引用的一種，就是主管的方式。不是依他的慣例就是照他的規矩或是順他的心意。

上司的司是總司令的，沾點軍事教育氣息，自然可理解，但是很難被認同。蠻橫不講理是很多主管的「特殊管理風格」，或許有人是升了位子，換了腦袋，變了樣子；或許有人是抱持著「媳婦熬成婆」終於輪到我行運的態度。

對付不講理的上司，軟釘子與硬底子都要具備，有時軟硬兼施，有時雙管齊下，有時能屈能伸，始終如一是很難應付百變主管。

軟釘子，不是鐵打的，想像一根髮絲切蛋的力道。軟釘子可以運用在當主管哪時候不提工作，總是在下班鐘響前讀秒壓線地說：「這份報告明天一早要……」，自然而然，理所當然地把工作放到你桌上。

這時候，你硬起來說：「可是我已經快下班了……」這話就是在告知主管他不是時間管理不佳就是工作分配有問題。如果放低姿態，但是不放軟心態，委婉而堅定地說：「我家裡有很重要的事情需要我緊急處理，這報告我明天一大早進辦公室就優先處理。」

「一大早」「優先」這些都是加分的字眼，加上你已經釋出「優先處理」的解決方法，又祭出「家裡有事」的軟釘子，這很容易讓主管在顧全面子之下知難而退。

家庭永遠是你的避風港，這話一點都不假，可以拿這「第三方」在與主管雙方對話時當緩衝，避免使用「我」這種第一人稱，「我已經快要下班了……」那就代表著「那是你的

事⋯⋯」的主詞不同的同義複詞。

　　硬底子就是職場求生的專業。多數管理書本是在教育從上而下瀑布式的管理，都是上司在對下屬「醍醐灌頂」。主管也是需要被教育的，所以下屬也必須要學會夠硬的管理專業，例如上述的「臨下班前被壓工作」，如果這是「常態」，先不情緒化地說主管「變態」，而是需要學會如何預防主管出包或是再出這樣的招。

　　假設主管剛指名要的簡報是隔天的主管會議簡報，這類工作都是有跡可循的，所以你可以預測主管即將下命令時，早在幾小時前，或許可以旁敲側擊地詢問：「經理，我手邊在進行月底要的跨部門行政深化專案資料，進度很順利，您那邊有沒有需要我優先處理的，還是我可以分擔的。」這樣的主動回報，一來提醒主管，二來展現你的認真與負責的工作態度。預防主管出包，就是防止自己需要代罪頂包。

　　職場上儘管你再有道理，都要記得表達的方式，「理直氣壯」這方法在上世紀來臨前就被推翻，由「理直氣柔」取而代之。但是一個真道理如果需要耗損在溫水煮青蛙中，你都不知道需要慢火熬多久。所以「理直氣順」剛好。這剛好，沒有「理直氣壯」的重磅一拳，也沒有「理直氣柔」的輕輕一揮，而是剛剛好的順勢摸頭。

　　溝通的方式也有三種，對的溝通方式，錯的溝通方式，還有就是所服務的公司「慣用」的溝通方式。如果一家公司慣用

「叫賣式」溝通，主管在自己的辦公室門口大喊「小王啊，要你改的資料改好了沒？」當他兩眼望著，就是要小王也回喊一聲「老闆……」。如果小王還不識趣地小碎步跑向老闆，打算小聲報告，或許老闆會追加一句：「你不要浪費時間，就大喊一句『好了』或是『還沒好』就可以，大老遠跑來，你當這裡是運動場？還是你在早安晨跑？。」

老闆或主管最在乎的事是：1.符合公司定義的職場倫理；2.達到公司所期望的工作態度。第二條提到的「公司所期望」工作態度，這期望會因為老闆與主管的個人習慣與偏好而異。如果遇上了「叫賣式」管理的主管，不要對他呼來喚去的「傳達方式」太介意，重點是「傳達的內容」。方式只是一個過程，重點是內容才會影響結果。

再說，「浪費時間」在這追求資源有效利用與重複利用的時代是個大忌，主管動不動就會祭出你一個人的時間十分鐘，加上你耗損別人的時間十分鐘，如果你一小時成本是200元，主管的一小時是800元……，語末，還會補一槍「還不算公司外部機會成本呢……」。所以，當主管著急時，下屬也該要「皇上很急，活該太監更需要急死！」

鳥籠效應 Birdcage Effect

鳥籠效應與煙灰缸理論有異曲同工之妙。如果你辦公室擺了煙灰缸，多數人會以「既定認知」想像你有抽煙。鳥籠效應是個心理學測驗，某甲送給某乙一個鳥籠，並且告訴他：「不久之後就會有人送你小鳥。」

某乙先是不信，但是後來只要有人到某乙家，看到那個空的鳥籠，都會問：「你養的是什麼鳥？飛走了？還是死了？」某乙總是要解釋：「我沒有養鳥，只是一個鳥籠。」每每總是要重複這些無意義的對話，久了，某乙受不了一直被問，只好買了隻鳥養在鳥籠裡。

從此就沒有人再問起鳥與鳥籠的事。

如果你不是真的很標新立異，還是不要太跟隨流行或是太西化。

阿里在澳洲讀書時不僅是多了耳洞與刺青，還打了鼻環和舌環。即使是身在澳洲這個相對於台灣較開放的地方，阿里畢竟是東方男生，總是被同樣背景的人貼上「崇洋媚外」、「裝模作樣」的標籤，更有甚之，他後來找工作時也不是太順利，因為他學的是法律，說到底，即使在澳洲，很少有律師是打鼻環與舌環，他的專業領域畢竟不是追求「個人特色」，所以他這些外表給人的印象就是標新立異與特立獨行。

所以，如果你不抽煙，不要隨便擺個煙灰缸，避免每個人問你：「你抽什麼菸？那抽過雪茄嗎？……」這類訊息接收多了，不免就會慢慢走入另一個陷阱裡。然而，有時候陷阱不是自己栽進去。

　　考考從學生時代就是遲到大王，年剛滿三十的他遲到資歷也有二十多年了。一開始到一個新環境時，無論是求學或是求職，同學或是同事會從提醒他、到責備他、甚至到後來的嚴重警告他不可再遲到。但是，他就是當遲到是個印記或是胎記，他還真是常常大言不慚地說他就是預產期後三週出生的，天生就是帶著遲到基因。

　　後來，女朋友因為他老是遲到而憤然分手，還搞出「人間消失」讓考考無從找她。當日他徹夜沒睡到天亮，隔日一早也沒有賴床的問題，直接準時上班。之後，他也就大徹大悟，痛改前非，開始準時上班。他的態度改變時正好是公司一年兩度一月與七月的升遷考核，所以他的行為就被解讀為「知錯能改與力爭升遷」，其實誰都不知道他只是希望前女友能看到他的改變。

　　這知錯能改與力爭升遷就像是在鳥籠裡放了一把鳥食，也確實招來了自動送上門的獵物。

吃午飯也在忙？
是在忙著找新工作吧

鳥籠效應

虛張聲勢久了，
也真有點聲勢了。
假動作做多了，
也就練出真功夫了。

可以故弄玄虛，
可以以假亂真。
職場上的一切都是假的，
權利下放是假的，
同事相挺是假的，
除了真小人以外。

下了班還在用電腦，
一定是在找工作

我忙到沒吃飯還要
加班，哪有時間

你最近忙什麼？
有在找其他工作嗎？

做事要訣——
畫蛇添足還加翅

A Face-off
for Your
Career

做事情不是把事情做完這麼簡單，

要把事情做好，要把好事做完。

做事是本分，做人是本事。

職場小白領做事要學會

好事參一腳，雜事幫一手，壞事閃一邊。

最忌新兵當傘兵放閃：

不是我的事、不關我的事、沒有我的事……

做事的第一要件在做人

人人都要會出賣自己

會做人比會做事更重要。會替別人做人又比替自己做人更重要。因為，一座大山要擋你擋不住，一個小人要擋你，你沒處閃。

職場不斷上演的買賣戲碼，不是賣力就是賣乖。你不出賣自己，推銷自己，就等著別人賤賣你，傾銷你。

無論你的專業背景是哪一領域，職場上都該是個業務高手。不是要推銷自己的能力，就是要服務老闆的情緒。所以，售前功課與售後工作，無一可省。

切記，做事可以賣笑時就不賣力，可以賣力時就不賣命，換話說，要學會隨時四兩撥千斤。該專業敬業時，適時表現自己，但是，如果錦上添花是舉手之勞，就來個送佛送上天，把事情做盡留下「精益求精」的假象也是好事。所以，畫蛇添足以外，加雙翅膀也無妨。前提是，如果這些話都是動動兩片唇，不費吹灰之力，何樂而不為。

要學會創造被利用的價值，爭取被利用的好處。創造被利用的價值，這話絕對是資方的說詞，既然職場上力求勞資雙方的和諧與平等，那麼，下話不得不是「爭取被利用的好處」，先創造，後爭取。

被利用，只是第一步，而第二步就是要為自己被利用的成本爭取代價，不可以只是白白被利用。

📌 道歉不只有禮還要有力

好的溝通術，可以透過道歉讓一個人從罪魁禍首「減刑」到非戰之罪。錯誤一旦釀成，傷害一旦形成，能做的就是修補受害者的心情與感受。

都說人非聖賢誰無犯錯，加上我們差聖賢是十萬八千里，繞地球好幾圈，所以，大錯不常，小錯常常就是多數人職場生活的寫照。犯錯道歉的條件除了有「禮」還要有「力」，禮不怕多，尤其是犯錯時，無論是禮貌、禮儀、禮物、禮數……能多有禮就多有禮，只差禮炮沒來一轟。但是，除了禮，還要有力。

哈佛商業評論專欄作家Mark Goulston建議有力的道歉（Power Apology），如何在道歉上使力，這包含三個部分——1.用力承認自己的錯；2.表達清楚自己所釀成的錯所造成的傷害力道；3.提出未來不犯同樣的錯的有力方法。

以上三個招招有力，步步帶勁，所以，道歉時千萬不要哭喪著臉，自以為先來個負荊請罪、自我摧殘就是反省錯誤的上策，其實，主管要看的、重視的是道歉的態度與彌補的方式。

📌 把工作說好、說完

我們真的是被中國老祖先害慘了，什麼「坐而言不如起而

行」。就是這句緊箍咒紮在我們頭上，讓我們常常在無意識底下自然而然就先做再說。其實很多事情只要說說就可以完成，或多問問就可以事半功倍。請看以下的例子：

一天梅姬跟鵑妮說：「把部門開支資料拿給我。」

鵑妮一刻都沒遲疑、立即行動，就把資料放在梅姬桌上。半小時後，梅姬看到時有氣無力，有心無意地說：「我哪有時間看這一堆歷史資料，我只要今年的啦，妳當我是國稅局查帳啊，統統拿回去，我只要上個月的。」

鵑妮拖拖拉拉、慢條斯理地拿掉不必要的，又把預算放在梅姬桌上。隔天早上，梅姬看到資料時又是無心無力、無情無義地罵起鵑妮：「妳這些密密麻麻、細細雜雜一大堆項目，我是要看到眼睛老花還是頭上開花？拿回去，拿回去，我只要雜支項目啦。」

鵑妮於是又面無表情地把雜支項目挑出，還用螢光筆標示出來，默默地，她把資料扔到梅姬桌上。當天下午，梅姬看到時，大聲呼叫鵑妮：「鵑妮啊，妳記不記得我們上個月幫副總慶生時買的禮物是多少錢啊？」

鵑妮心裡暗罵、暗譙、暗咒，冷冷地回：「副總上個月生日，但是禮物是上上個月買的，所以是記錄在上上個月的帳上。」

故事還沒完，先不要急著說梅姬真是折騰人，因為折騰還不足以形容她。

鵑妮於是把上上個月的部門開支調出來，連同發票影本都附上去給梅姬過目，梅姬這時淡淡地說：「下個月總經理夫人生日，不知道買同樣的禮物會不會給人誠意不足的感覺，鵑妮，妳覺得呢？」

鵑妮沉默了好久，然後冷漠地說：「可是總經理夫人是六十幾歲的女士，副總經理是四十出頭的男性，買德國製刮鬍刀適合嗎？」

以上的故事當然有誇張的成份，但是，職場上這類「為何不早說」的誇張的程度真是不能小看。千金難買早知道，早說就不會花冤枉錢。

讀萬卷書，不如行千里路。這話的真實背景是那千里路很多是冤枉路，因為如果沒有先好好問路，就悶著頭一路走，才必須要行千里路，但是如果有先好好問路，或許只要走百里路而已。

★ 貴人不一定都很富貴

每個人都可能成為別人的貴人，貴人一定都是富貴的人物。

小喜因為前陣子身體欠佳，所以辭去了工作在家休養，這一休養就是好幾個月。她原先的工作是行政工作，已經服務了七、八年，當時她真應該辦理留職停薪之類的，但是對於規模小的公司，員工都是盡可能地精簡，都是總機兼總務，會計兼

行政，哪有人才「庫存」或是「暫存」的條件，那位置早就被補上了。

所以小喜休養後就慢慢找工作，但是當時就業市場的大環境也不是太理想，她只好有一搭沒一搭地打工與兼職。

某天，她在住家附近散步，那時間是上班時間，正巧遇上一位街坊鄰居，是家族企業的老闆，小喜向來待人是客客氣氣。

那老闆隨口問她：「小喜啊，今天休假啊？」

她實話實說地回：「嗨，董事長好，不是休假，是在找工作。」

老闆又說：「在找工作嗎？太好了，我公司正好有個客服員工下個月退休，我看妳總是笑臉迎人的，妳來幫我好嗎？」

就這樣，小喜找到了一個「錢多、事少、離家近」的工作。其實不那麼完全地符合這三個條件，離家近是肯定的，散步就可以上班。但是錢多的原因是因為離家近，所以省去油錢還有餐費，她幾乎是天天回家吃午餐。事少是因為她本來就善於時間管理與工作分配，所以，做起事情來有條有理，清清楚楚，很少將時間耗費在「整理思緒」與「整理檔案」上。

只要你的形象夠好，你身邊的長輩或是同輩都會看在眼裡，當機會來時，他們或許會為你留住那扇門。

拉鋸效應 See-saw Effect

對團體而言，有時候出類拔萃與脫穎而出只是脫離隊伍的另一種解釋。面對團體戰時，不要太突顯自己。

拉鋸效應起源於日本一家公司的面試，據說該公司會把應徵者以兩兩一組帶去木材工廠，讓他們兩人各拉著鋸子的一頭，然後比賽看是哪一組默契最佳、彼此配合度最高，以此標準錄取。所以，速度不是錄取的唯一關鍵，關鍵是彼此如何搭配。然而其中卻有速度快的人會責罵慢的人，覺得自己是被拖累了，甚至抱怨自己的運氣不太好怎麼跟那種人一組，殊不知問題不在速度上，問題是在態度上。

如果說愛情不是要找雙最美的鞋，而是最合腳的鞋，才能走得舒服走得長遠。有時候找工作何嘗不是這種滋味，就是要找適合自己的，勉強自己接受一個不適合自己的工作，只會讓自己往後的上班日子更難熬。其實如果你是個拉鋸子速度很快的人，這是你的天份，不是缺點，只是你應徵了不適合自己的項目。

一個跑步速度很快的運動選手可以參加百米賽與四人接力，但是不適合兩人三腳，要清楚各項比賽的決勝條件，只報名自己有把握的項目。現在的投遞履歷與面試似乎是「零成本」，所以很多人都不會為自己判斷哪一個工作適合，而是散彈打鳥，這種不設定目標的射擊，不知道是會打到烏鴉還是麻雀。

拉鋸效應

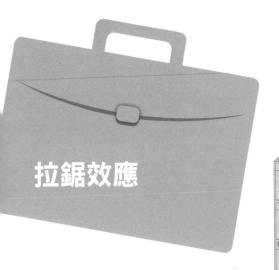

對團體而言，
有時出類拔萃或脫穎而出
只是出乎意料
或脫離隊伍。

大家一二一二、
左腳右腳時，
別出錯腳。
面對團體戰時，
不要凸顯自己。

團隊工作時，
像是兩人三腳，
不是一個人快就夠，
要兩人速度平均。
如果你愛拚第一個壓線，
那就別進入團體。

明天的會議茶點
準備了嗎？

餅乾我昨天買好了

茶我上個月就泡好了

你的新鮮事可能只是別人的陳年往事

🖋 不出頭就要低頭

這是程序問題，一定要認清與摸清前面的情勢、局勢、趨勢後才能確認該不該在同輩中勇敢冒出頭。如果在不清楚狀況而衝動地冒出頭，不知道是要出頭天還是被砍頭。

如果你是有實力的鶴，讓自己蹲一下，跟那群雞窩一回，好好觀察局勢後再行動也是好事。

好友email中提到：「剛剛開會結束，一個竹南的同事打給我，他跟我同部門的，工作上有很多重疊。他在電話中的口氣極其不好，甚至質問我為什麼台南的連線慢了五分鐘。我試圖解釋，但他聽不進去，即使當時同在會議的同仁試圖在line幫忙解釋，他就自顧自地一直講，不聽任何解釋，最後反問我：『你現在工作有很重嗎？誰誰誰在做什麼你就不能幫忙一下嗎？幫一下都不行嗎？』他說完他要說的就直接掛了電話！我當下覺得自己很委屈，越想越難過，鼻頭酸了，眼睛紅了，手腳麻了，心也涼了。想想之前離開的公司，縱使小主管常常無理取鬧或是工作亂派，我也不至於會把情緒留在自己身上，總是會讓自己記得『工作只是工作』，更不會讓自己傷身或傷心，這次真的是身心俱疲。」

她的信是寄給我們幾個要好的姊妹淘，第一個反彈的是美

國回來的德州女牛仔，她憤憤不平地說：「要是我，我會馬上回撥電話回去，我覺得他是不是情緒化地把氣出在妳身上啊，他是今天心情不好還是工作負荷太大，總之，他很有可能只是找妳出氣。」

而我給她的回信則是：「我希望妳不要太受影響。那就中了他的詭計了。」因為人在不爽的時候，就是希望把別人也搞到不爽，誰真的是「後天下之樂而樂」。那我不如去跳汨羅江，不是啦……那是范仲淹，不是屈原。

德州女牛仔說的是一計，而且說不定是「良計」。有些人就是真的要別人也對他凶狠才知道原來「不叫的狗最會咬人」。

受氣的人總是要找地方出氣，有時候我們就是在那個不對的時間點上成了受氣包。

有時候，我們別無選擇，不是出頭就是低頭，沒人替你出頭時，自己就要想辦法出頭，或者是暫時以低頭避開風頭，等未來有機會再出頭。

★ 別人拿你出氣，你要自己有出息

踢貓遊戲是個一物剋一物，一個打一個，大家找氣出的故事。「踢貓遊戲」的飛機版就是「口水餐盒」。

快速回憶一下踢貓遊戲，有個業務經理當月業績不好被總經理大罵一頓，回到部門辦公室，業務經理火上加油地又罵到

他下面的業務員身上，業務員一整個不爽，轉身就對業務助理大罵，業務助理回到自己座位，沒有人可以罵，所以氣就沒地方出，一個人憋忍著，直到下班回家，一到家看到窩在沙發看電視的兒子就扯開喉嚨大喊：「只會看電視，就知道看電視，也不好好讀書，去，給我去讀書。」

兒子一個轉身要回房間，路過看到貓沿著沙發漫步，他腳一抬，就是一踢。

同理可證，就不描述飛機上如何發生「口水餐盒」的層層向下打壓，簡單起個頭，前一晚機長沒泡到想泡的妞，所以今天一整個人身心靈不舒爽。經過了副機長、座艙長……，總之，演變到最後是有乘客吃到的餐盒都加了勾茨。

這兩個故事是說明了，或許最後的加害者一開始也是受害者，即使不是真正的受害者也是自己認為的受害者。這些人只是在轉移傷害，加上柿子挑軟的吃的心態，所以就往下欺壓，很不幸地，這是人性，但是也很慶幸，柿子只會挑軟的吃的人其共通特質就是「怕踢到鐵板」，換句話說你只要夠硬，別人是不會專挑你下手的。

受氣時，能正面反擊當然大快人心，但是會給你氣受的通常是你的上級主管，所以當下如果對方只是發發脾氣，就當作是「看清一個人」，學習經驗，但是如果對方的氣已經過頭了，你就必須適時地把氣轉移，為自己爭氣，不需要狗咬狗地情緒對情緒，只要保持冷靜，用冷靜來降溫當下的火爆氣氛。

冷處理不是不處理，而是冷靜與冷淡的處理，不要太把別人氣頭上的話往心裡去，那是不值得也有沒意義。

✒ 當你的下屬受屈，你就該長大了

說真的，我第一次敢對人以「情緒對情緒」，而不是「就事論事」，就是我當了主管後，因為我不願意我部門的人受委屈。

那情況是這樣的，企劃部製作了一部廣告片，預計要在主管會議上播放，IT沒搞定設備，有人早就對企劃部積怨已久，立即開砲：「企劃部是怎麼了？這麼多人都不會嗎？沒有一個人會嗎？」

我當時還很年輕，不知道怎麼幫自己的部門出頭，但是也嚥不下那口氣。我沒在主管會議上發飆，因為前提是影片沒能順利播出，我不能在那個關頭上踢起皮球。

等會議一結束，與會的人都還在，我立刻走向那人，擋在她面前說：「妳什麼都不知道，為什麼在會議上挑企劃部毛病，妳知不知道那時是因為IT的設備出問題嗎？妳什麼都不知道，憑什麼指責企劃部？」她試圖走開，我立刻跟她玩起老鷹抓小雞，一直擋在她面前，但是，我也只是一直重複那段話，畢竟是我第一次為下屬出頭。

一回生，二回熟，三回就會關門放狗，知道怎麼對付小人。隨著工作經歷的累積，慢慢覺得職場上即使每年畢業季有

很多新鮮人，但是真的沒有新鮮事，很多事情只是新鮮人沒遇過，但是，對老鳥們而言這些都是必經之路。

✎ 別讓高壓高過你的理性

多數人覺得抗壓性好是項優點，還煞有其事地舉例一盆綠豆中，只有被壓最重的那顆綠豆，以後長成綠豆芽時是最高、最直的。但是多少人問過那壓力是必須的嗎？是合理的嗎？

不經一番寒徹骨，焉得梅花撲鼻香；習慣長年被打壓，只好什麼都往肚子裡塞當板鴨。

七年級生被媒體稱為草莓族，意思是溫室養成以外還經不起壓力。「抗壓性差」常常只是抽象的形象問題，甚至是捕風捉影的欲加之罪。

要解決這負面形象，不比處理口腔清潔問題，只要刷刷牙、漱漱口、嚼嚼口香糖就可以解決，常常與「刻板印象」關聯。加上很多時候問題不在於「當事人」，所以你可能連解決問題的權利都沒有，更別談解決問題的能力。

但是，也不是說你就該束手無策任人擺佈，相反地，你要在認清狀況下做軟性與適度的溝通，這時候，話如何說就變得很重要。如果你的主管急呼呼地，沒頭沒尾地，要跟你催一份資料，記住，讓他急他的，因為很多時候著急與容易緊張只是個人對壓力的處理方法，你無須隨之起舞。就像是在高速公路上看到開快車或是飆車的，我們無須跟進，要撞車，是他家的

事。

如果你隨之起舞，慌忙應付、急忙上陣，匆忙辦事，最後結果如果不盡理想，受責難的還是你自己。

你的工作你應該最清楚，這是你該有的基本職業道德。所以，踩在這道德線上跟主管溝通，當然，你不可以賣乖地說：「這業務向來都是我經手，我當然最熟，不要說半小時做完，以前三小時做完也是因為我很有經驗，想當初第一次經手這工作，還耗上我加班與熬夜呢……」。

你的主管肯定不喜歡聽你這般邀功與賣弄，所以你可以軟性地建議：「主管，總經理突然要這些資料，是不是我上次給的不夠清楚？因為照理這些業務資料都是月底給，這麼突然月中要，還要半小時後給，半小時趕出來的一定是急就章的東拼西湊，是不是我們可以給他最完整的上個月的資料呢？」

姿態放軟了，就不會硬碰硬。

這當然只是一種可能，就是你的主管日理萬機，事情太多，他不是只有管理「你一個人的業務」，所以或許確實忙中有錯。但是，在「糾正」主管的錯誤時，第一你要知道你的主管是可以虛心受教的呢？還是會惱羞成怒的？

STOP停一下走更遠。

遇到狀況時，你要先「STOP」，停看聽，先停下來才能眼看四方、耳聽八方地看清情勢。有時候，停一下，走更遠。

STOP不只是停，還要在停的時候做好以下的準備：

- S是SEARCH蒐集情資。
- T是THINK思考對策。
- O是ORGANIZE組織你的資源。
- P是PUT IN PLACE執行你的計畫。

遇到任何狀況，先STOP，找出對自己最有利的溝通點再行動，往往事半功倍。

知識就是力量，資訊只是海量

哲學家培根（Francis Bacon）說：「Knowledge is power，知識就是力量。」

科學家愛因斯坦（Albert Einstein）也說：「Information is not knowledge，資訊不是知識。」還說：「The true sign of intelligence is not knowledge but imagination，真正的智力不是知識力，而是想像力。」

如果培根和愛因斯坦遇上十倍速時代的二十一世紀，他們會知道資訊就是海量，然而，沒有經過海量的資訊沖洗，是無法生出知識的。就好像鬧出笑話的立法委員指著太陽花說香蕉……，如果他多留意一下新聞，多看一下網路資訊，就不會鬧出這類笑話！沒知識要有常識，沒常識要常常看電視，此話一點都不假！

知識與資訊的差異，簡單說，網路新聞報導捷運殺人事件，這是資訊，藉由閱讀了解當代年輕學子的壓力與反撲行

為，這是知識。資訊是片段的新聞或話題，知識是延伸的處理方法或經驗法則。

許多中高階主管跟我一樣感慨，現在的學生只有資訊的接觸沒有知識的轉化。換句話說，常常不只是貳過，還是一錯再錯，錯了又錯，最後形成了人格特質或行事風格。他們或許很懂智慧型手機，但是卻對賈伯斯或是比爾‧蓋茲的成長背景毫無所知，最多，只知道他們兩位都沒有大學學歷。這不只是片段的資訊，更是偏差的資訊，他們兩人的人格特質與心理素質才是大家應該探討與學習的。

最畫虎不成的例子就是耗費了自己與父母十幾年的金錢、時間與精力，在大學畢不了業時不僅不知反省自己，還大言不慚地回父母一句：「賈伯斯跟比爾‧蓋茲都沒有大學學歷。」好啊，那就別比學歷，去跟他們比經歷！不要找跳高選手比畫畫，找畫畫高手比游泳……，永遠對自己的專才養成不負責。

敢於創新，不只是有好的想法，更要有堅決的執行力，堅決代表的是「最大的妥協是堅持到底，最大的讓步是勇往直前」，換句話說，抱持「退無可退，縮無可縮」的勇往直前執行到底的毅力。

或許這個時代的資訊取得太容易，也影響了年輕一代的「就業或創業」選擇，每當畢業季前夕，就會被學生問到「老師，我不知道到我該不該考研究所……」、「我想出國，但是又覺得現在台灣太多出國回來的……」、「考公家機關都不知

道是不是鐵飯碗了……」，過多的資訊會分散專注的判斷，回歸到原點，找到自己的競爭優勢，在那優勢上努力經營，不要三心二意的。

可惜的是，有些年輕人無法判斷自己的競爭優勢，例如，今天讀到新聞說有國立大學碩士生賣雞排……，就覺得雞排好賣，明天聽到竹科新貴回鄉養蚵仔年收入百萬……，就想著要賣蚵仔，卻沒注意到養蚵仔的可能是繼承父業，而非新聞炒作的點「放棄科技新貴，撩下去養蚵仔」。新聞通常只是想要炒作新聞點，年輕人要懂得在新聞的資訊海中學習判斷有價值的「訊息」。

在資訊海裡打撈知識，一定很難，淘金當然要到金礦多的地方，換句話說，網路上的新聞、訊息……來源可疑與可議，真要累積知識，專業書本還是最可靠的來源。台灣半導體之父張忠謀先生曾感嘆：「網路是累積不了知識的。」他這話說在十幾年前，或許現在的閱讀模式改變了，或許他的說法也會改變。現在電子書多了，電子書還是書的模式，只是不是紙本書的樣式。

談到網路使用，就不能不談李家同博士，他的「只有笨蛋才看PTT」、「看網路文章讓人變笨」、「成功者不會花太多時間在臉書上，浪費太多時間只會失敗……」等論述或許激怒了一些掛在網路上學習、交朋友、買東西、找資料、遊戲、閱讀……的年輕人。舊時代的四五六年級生是靠著翻書本、查字

典⋯⋯學習的，或許，親手刻竹簡的古老學習方式者，如果還活著，也會瞧不起只是讀「現成」印刷本的四五六年級生，因為，親力親為的一刀一字才能真正把文字學到腦海裡。

世代有世代的差異，資訊的價值在於方便取得，所以需要網路。知識的價值在於實際應用，所以需要練習。資訊與知識沒有衝突，只是不同。

生魚片理論 Sashimi Theory

　　韓國手機大廠三星提出的生魚片理論，形容手機市場的競爭就像是賣生魚片，講究快速流通，要在最新鮮的時候售出。

　　新鮮人求職也要有與時俱進的新觀念，而且，新鮮人的價值就是在新鮮，趁自己還很新鮮的時候就要認真找個好買家，然後在一個適合的環境中把自己轉化為魚乾，一旦進化為魚乾就可以在常溫底下生存，不需要在「低溫的溫室」裡。這不是要物化新鮮人，幾次工業革命之後，人在職場上扮演的角色越來越「模組化」，或許是不爭的事實。

　　新鮮人不可能永遠保持新鮮，就像是生魚片，今天鮮，明天腥。所以新鮮人的優勢就是做了什麼「鮮事」都可以被合理化，但是新鮮人一旦在職場上打滾一段時日，就該成熟，成熟為魚乾。

　　所以新鮮人的職場生存心態要隨時間逐漸成熟，也就是說不要再為一點職場亂象或是怪象而覺得新奇；然而，對於自己的專業養成卻是該抱持一顆永遠學習新事物的日日新心態。經驗要老道，但是知識要新進。

生魚片理論

吃生魚片要趁新鮮，
新鮮人學習也是趁新鮮。
新鮮人就像是生魚片，
今天鮮，明天腥。

新鮮人的優勢就是
做了什麼鮮事
就可以被合理化。

但是新鮮人
一旦在職場打滾久了，
就該學會老馬識途，
老馬不識途難道還有速度？

職場上榨乾是常有的，
生魚片不被榨乾當魚乾，
就只能當醜魚，
等著下桌。

做錯事時要有對的心態

犯錯時，心態要正確

我最快樂的一次犯錯經驗，是我在澳洲工作時。

當時我還是個領週薪的職員，我們的學生百分之九十五是遠距教學，對於這類學生我們必須在學生註冊後把教材與作業寄給學生，我那次誤把學生的學習作業與講師解答一併燒在光碟裡，並寄了出去，這是很大的錯。我估計那天應該是週一症候群，加上大姨媽拜訪日，加上月底薪水花光日，要不怎麼會犯這樣大的錯誤。

當我知道犯錯時，第一時間就跟老闆反應，而不是等著讓學生打電話來抱怨。

老闆當下笑了笑，要我先去喝杯咖啡休息一下，等他忙完後再找我談。那杯咖啡即使加了十塊方糖還是苦的，因為等待宣判的心情是其苦無比啊。

最後老闆手端一杯咖啡，笑咪咪地走向我，問我：「什麼事情這麼煩惱？」我實話實說，沒有半句遮掩。他就說：「別擔心，妳現在跟那位學生說我們的作業有『參考答案』，那些參考答案是供學生參考，學生不可以原原本本地抄襲，但是可以引用。」

老闆確實解決了我的麻煩，因為學生的作業多半是簡答題

或申論題，很難有答案一致的情況。

當下老闆給我機會教育，也問了我該如何預防下次不再犯同樣的錯，從那之後我就建立了兩個不同的資料庫，一個是學生，一個是講師，從此井水不犯河水，不會混淆。

老闆也告訴我：「犯錯是學習必經的過程，但是一錯再錯卻是性格上的缺失，如果人不能從經驗中學習，就只是原地打轉，妳很棒，第一時間發現錯誤，自己先發現錯誤好過等別人來興師問罪，再來妳願意承認錯誤並且尋求幫助。最要不得的就是想要自己私了，甚至賭等被發現再說，沒被發現就算逃過的心態。」

✖ 失敗是成功之母，錯誤是學習之父

新鮮人犯錯不是新鮮事，而是本事。不犯錯的員工恐怕是「不敢做事或是不敢擔事」，因為在少做少錯心態下，沒做事的，必然能避免犯錯。

愛迪生的故事不是他多成功，而是他失敗成千上萬次後還能堅持。堅持是人性中最常欠缺的特質。電影「太極——從零開始」男主角楊露禪的媽媽告訴他「一生只要把一件事學好就夠了」。

事實上，很多求職者連一件本事都沒有，只能應付一些枝微末節的蒜皮小事，只能辦事，沒有本事。

本事是需要經過長期磨練的，一件小事做上成千上萬次，

做到熟練與老練，就是一項本事。日本人最讓人讚嘆的「達人」多半都是在一個特定領域中養成無可替代的本事，這就是價值的最高境界。

失敗與錯誤不可怕，可怕的是一錯再錯，錯了又錯，三錯四錯，都是錯在同一個點上。同樣的錯誤方法試兩次，是固執，同樣的錯誤方法試三次，是愚笨，同樣的錯誤方法試四次，是習慣。固執是性格，愚笨是天資，而習慣是慢慢養成的，久了，就慣了。

從錯誤與失敗中沒得到成長，那麼跌跌撞撞的代價只是以後摔不疼，因為習慣了，甚至知道讓屁股先著地，但是還是不知道如何防摔。不是所有人都是「不經一事，不長一智」，但有很多人是經了一事，壞了一事，又經了一事，又再壞了一事。有效的成長必須要平心靜氣地反思如何突破困境，很多前人的經驗都值得借鏡，無論是高人指點還是不恥下問，對上對下都要多學習，就可以讓自己的心智更成熟，做事更成功。

★ 太急，從零開始

犯錯，試圖遮掩，就是犯更大的錯。

有個部門主管，部門人員異動異常，平均三個月流失一位，但是帳面上是看不出來的。他的理論很簡單，舉例來說，假設吃了五個包子，又買了五個包子，所以等於沒吃。

試問這邏輯正確嗎？這樣吃乾抹淨後是不是死無對證？這

問題充其量只能說包子沒有少，一來一往還是五個。同理求證離職率，有個部門當月離職三員，新進五員，所以離職率等於零。這計算正確嗎？那麼那三位活生生應徵進來又氣呼呼離職的員工是幽靈員工嗎？

或許有人會覺得這樣的部門離職率計算實在可笑，但是當自己身處在這樣一個部門時，任誰都只想哭。這部門主管因為異常情緒化，常常暴跳如雷，所以私底下贏得「跳跳虎」綽號。「跳跳虎」不僅短視，甚至對周遭環境表現出半盲狀態。她常常對下屬是不聞不問，視而不見。

跳跳虎擔任該部門主管也好幾年，但是每次面對有下屬提離職，她慣有的反應就是：驚慌失措、手足無措、不知所措……。奇妙的是，她前後也遇過十幾次這樣的狀況，但是每次都還像是第一次遇上，她永遠沒有辦法在下屬心生異動時就先察覺到。

當跳跳虎聽到下屬小米要離職時，一如往常地暴跳，並大罵：「妳怎麼可以辜負我對妳的栽培，而且要離職竟然一點動靜都沒有，妳對妳的工作怎麼一點責任心都沒有？」小米只能一直低頭地任她說。跳跳虎真該怪她自己而不是別人，小米在兩週前常常突然穿著十分正式來上班，並在當天下午請假，一週前卻又恢復T-Shirt與牛仔褲的打扮，但是卻開始螞蟻搬家，辦公椅上的靠墊、辦公桌上的粉紅文具組，甚至是貼在隔板上的照片全都清空。明眼人都心知肚明，早就心裡猜想到是怎麼

一回事，而跳跳虎竟然一無所知。

　　因為跳跳虎總是晚好幾步處理人員離職問題，加上擔心工作沒人銜接，所以她總是很急著補進新人。因為急，這些被情急應徵進來的人員，久了也發現與期待不符合，自然又是離職。她的部門永遠跳不出『急著請人、急著用人、人急著走』的惡性循環。光2012年一整年她的部門就走了六位，但是她上呈相關單位的離職率是0，因為她對於離職的計算方式很特別。

　　用錯誤的方式解決問題，會把一個問題變成兩個問題。

出醜效應 Pratfall Effect

會做人的人不是追求做一個完人，完美的人常常讓身邊的人感到相形見絀，自嘆不如，然而有點缺陷美的人，總是可以喚醒人們同是天涯淪落人的感受，心有戚戚焉。

太過平庸或是太過完美的人都不會受歡迎，前者是枯燥乏味，後者是太過美味，過與不及都不是好事。

出醜效應又稱「仰巴腳效應」，根據調查，最被人欣賞的人物多半具備美中不足的條件，而那個不足要剛剛好，好到「瑕不掩瑜」。

所以我們都聽過某一位美國總統曾經吸過大麻、某一位科學家小學成績吊車尾、某一位軍事家小時候口吃……，因為他們的小時候都曾犯了「一般人」都曾犯過的錯誤，造就他們偉大中見平凡的高度。

人生勝利組往往不是人群歡呼組，多半不是招人眼紅就是惹人翻白眼，讓人看不順眼，如果有無法改變的天生優勢，那麼就要在性格上更加平凡。雖說不招人忌是庸才，但是天天招人忌就無法成材。

要在職場上成材需要「天時地利人和」，與人不合，就很難人和。

老大開會最有聲勢

老大辦事最有聲勢

老大喝東西最有聲勢

出醜效應

出醜常常比出風頭
更受歡迎，
蛇鼠一窩，狐群狗黨，
狼狽為奸……
為什麼同類會相惜？
因為猴子跟獅子做朋友，
不是被吃就是被比下去。
職場上的你我他，
多數都是猴子猴孫罷了！

會做人的人，
不是追求做一個完人。
完美的人常常讓身邊的人
感到相形見絀或
自嘆不如，

然而有點缺陷美的人，
總是可以喚醒人們
同是天涯淪落人的
心有戚戚焉。

同僚競爭——
鶴立雞群冒出頭

A Face-off
for Your
Career

菜鳥時期恐怕會被雞鴨之流誤以為是同一窩，

被傳授雞飛狗跳、雞鳴狗盜的潛規則與暗本事，

把壞榜樣當借鏡，學會知己知彼，

但不需同流合污或同樣不飛，

是隻鶴就不怕先蹲一下，總是有昂首闊步的時候，

更是有展翅高飛的一天。

到時候再低頭看看那群雞鴨走禽，並與鷹鶴飛禽翱翔。

Good job...

你不計較，
別人還是會比較

📌 職場上不是計較就是比較

　　如果你找工作只是想交朋友與殺時間，那麼，你就可以不計較與比較。我真的遇過工作只是為了交朋友的同事，她家境富裕，爸爸開工廠，家住別墅區，上下班開的百萬名車比老闆的還要大，還自己在公司大樓下租停車位。她只是覺得美國留學回台後沒事做，窮極無聊，才到一家中型企業撈個英文秘書的工作，順便交朋友。她對職位與薪水不是太計較，因為她的股票收入遠遠大過於那份死薪水。

　　職場上無可避免的計較與比較，隨時都有人要一較高低。錄取條件是比較、薪資高低是比較、績效考核是比較……。檯面上的比較是比經歷背景，檯面下的比較更是精彩豐富，誰的老公是某某部門副總經理，誰的媽媽在美國有五棟房子，你或許覺得這些不痛不癢，但是如果遇到一位上司的女兒剛好要去美國留學，說巧真巧，申請到的學校剛好是在那個媽媽五棟房子的同一州，那主管就會莫名其妙地跟那員工熟悉起來了，往下的故事情節就很容易推演下去了。

　　一個人在職場上的順遂，有時候只是不經意的水到渠成。

　　但是，沒有富爸爸，也要有貴朋友，既然上司都可以跟那位同事成為好朋友，你還有什麼好損失的，就大家做做朋友吧，拉下面子，蹲下身子，你也可以不計較地跟大家搞好關

係。

誰想下地獄，誰自己去

喊口號、唱高調、舉標語……誰不會，但是不要真的身體力行。例如，大家心裡都想上天堂，即使是要踩著別人上天堂，也在所不惜，但是表面上還是會說著：「我不下地獄，誰下地獄」，一副犧牲自己而成人之美的情操。

職場上，常常可以看到你推我擠、你爭我搶，大家爭先恐後地想要一步登天。對於剛從學校離開的菜鳥而言，或許還是滿腦子禮義廉恥與仁義道德，子曰孟云還猶言在耳，但是進到職場後遇到許多名校畢業的前輩，卻見他們毫無仁義道德，更不會懷著「先天下之憂而憂，後天下之樂而樂」，總是有好處就先佔盡。遇到team work時，前輩哪個不是竭盡所能地能挑多輕就挑多輕，深怕扛太多工作會犯五十肩似的。

書上的禮義廉恥都統稱為「紙上談兵」，職場上你爭我奪才是「真槍實彈」。紙上談兵永遠是一戳就破，沒有防禦力。

阿幻很高興新任職的部門裡面有兩位自己的學長姐，他雖然不寄望他們幫他，但是還是希望他們可以指點他，好讓他這剛進職場戰場的菜鳥知道如何躲避明槍暗箭。

一次分配任務時，他很幸運地跟學長姐同一組，在小組會議時，阿幻只要提到「以前修哪門課時教授有提到……」，那兩位前輩都以「學校教的早忘了，幸好你記得，那就讓你好好

表現……」這些話術把重擔藉機丟給阿幻，更是得了便宜還賣乖地說：「幸好你跟我們同一組，別組才不會讓新人有這些表現。」

　　這些花招加上迷湯把阿幻搞得七葷八素。他沒有在第一時間發現自己誤上賊船，而是後來跟別組的成員在吃飯時聊到最近忙什麼時，才知道自己不僅僅是被賣了，還傻傻地幫別人算錢。

　　避免被人陷害的方法之一就是當別人分派工作時，試圖「轉牌」，讓「己所不欲勿施於人」產生效應，把對方排給你的工作試探性地跟對方互換，看看對方的態度，如果對方極度不願意，你也就擺出同樣的態度，總是要調整出一個彼此都能接受的中間值，不要自己悶悶地就吃了大虧。

　　如果你有幸遇到一位明君，知道如何應付老鳥欺負菜鳥，那你就可以受到比較公平的待遇。有個例子，某部門需要安排週末支援工作，大家一個都不能少，都必須支援，老鳥就先搶時間表，把自己排到最後面，菜鳥只好悶悶地把自己排在第一週支援，哪知道主管一拿到名單，來個大翻轉，最後一週支援的老鳥改為第一週，狠狠地修理了老鳥。

✈ 有人的地方，就有不人道

　　職場上非人道的事情時有所聞，多半的受害者只是忍氣吞聲，熬得過，就是一朝媳婦熬成婆的老資歷，沒多少人敢奢望

麻雀變鳳凰的升遷。

　　軒軒在清潔公司上班，這產業似乎還是小販小攤的規模，莫怪我們還是常常會在電線桿或是電信箱上看到「居家清潔，一天1000元」的小廣告。

　　小販小攤沒有原罪，錯是錯在規模一旦不大，政府是很少投入太大關注的，除非是有新聞爆出，要不，政府費神理會電子五哥都沒時間，怎麼會注意到你。在優先順序上，永遠是強勢勝過弱勢。

　　軒軒負責內勤工作，任職有三年了，而公司有個人，仗著年資相當，又與老闆的熟識，毫無章法地作威作福，當自己是個垂簾聽政的老佛爺。「老」是有，「佛心」倒是沒有，更不是一個純爺。

　　論專業，這老佛爺擔任清潔工好幾年，打掃房子對她來說不成問題，但是談到規劃與企劃這類大格局的工作，她的本事真的只是個流動廁所的格局，哪來的三房兩廳兩衛呢。

　　提到小人得勢，任誰都是恨得牙癢癢的，氣得臉紅紅的，罵得嘴酸酸的，但是，不是所有跟小人對立的都是君子，多半只是對既得利益者，或是先來先到者不爽快而已。

　　話說那個老資歷的老佛爺，對待人的方式簡直是不人道。一次，有個清潔人員到客戶家預備做清潔工作，才知道其實這客戶已經在幾日前打電話到公司提到要暫停一次清潔，原因很簡單，因為當天限時「停電」，巧也不巧的是那老佛爺就把這

所謂的小事給忘了，清潔人員在不知情之下還是前往客戶家，但是，停電是很難做清潔工作的，吸塵器不能用就是一大麻煩，加上這名客戶家裡有養貓，那貓毛別說打起噴嚏會揚起，簡直是呼一口氣就會四處飄啊飄。

好了，這清潔人員一到現場發現難題，立即打電話回公司，老佛爺當下說了：「妳就那麼笨嗎？沒電就不會變通嗎？妳可以想辦法啊。」

清潔人員回了：「那貓毛是不能掃的，一定要用吸塵器處理。」

老佛爺又說：「妳真是笨，一個清潔工作也做不來是嗎？妳可以先輕輕地在地板上撒水，這樣貓毛就不會四處飛，再趴在地板上用抹布輕輕地將潮濕的貓毛擦起來，這樣也不會嗎？我這樣教妳，妳會不會了啊？」

這裡暫且不討論她說的清潔方法是否見效，而是要檢討是否合理。

其實，老佛爺知道依公司規定，一旦客戶取消服務，行政人員就必須要完整紀錄並把訊息即時傳達給負責該客戶的清潔人員，但是，如果客戶取消了，而行政人員疏忽沒傳達訊息，清潔人員依約到了客戶家，即使沒工作，清潔人員當日薪資還是必須計算，因為，這是行政疏失，而不是清潔人員的個人錯誤。

老佛爺就是不願讓人白白領了薪資，還硬要這清潔人員承

擔她自己過錯，因為是她沒有把客戶的反應即時傳達給清潔人員。

誰都會犯錯，犯錯時試圖把傷害降到最低也是人之常情。但是，如果今天有個人下班時發現摩托車被偷，便偷了另一輛，這就不是單純的只是把傷害降到最低，而是加害了別人。以暴制暴不是停止傷害的方式。

那清潔人員當然委屈，因為她需要收入，最後連客戶都看不下去，直接跟老佛爺說：「這樣打掃會乾淨嗎？我都跟你們說過這個禮拜暫停了，你們還硬要讓人員來打掃，這種不乾淨的清潔，不要也罷，回去吧。」

直到客戶出面不買單，這老佛爺才悻悻然地饒了那名清潔人員。

遇到不人道的事情時，不要以人道態度去思考，而是要拐個彎，轉個角，繞個圈，如果能懂「螳螂捕蟬黃雀在後」或是「棒打老虎雞吃蟲」這種一物剋一物，抓出對方的天敵，然後，以結合次要敵人攻擊主要敵人，先剷除第一強敵為先，先求生存再求壯大。

其實，這客戶也不是省油的燈，平時挑剔清潔人員時以不手軟、不嘴軟、不心軟聞名。所以這次清潔人員就藉機讓這挑剔的客戶嚴厲地拒絕接受一個「替代方案」的土法煉鋼清潔方式。

這清潔人員才沒有被一路欺壓到底。

垃圾桶理論 The Garbage Can Theory

在職場上總有一些俗稱「垃圾工作」需要人做，面對這類工作，大家配合意願都不高，甚至你推我拖，你閃我躲，像是躲垃圾一樣。

垃圾桶理論是發生在荷蘭的一個城市，為了市容美觀增設了許多垃圾桶，但是習慣養成是很難的，大家還是習慣隨手丟垃圾，相關單位想出罰款一事，哪知道小錢大家都不計較，即使提高罰款還是成效不彰，最後排出巡邏人員也不見成效。

最後有人想出「有趣」的方法，當人們把垃圾投入垃圾桶的時候，會啟動某個按鍵，垃圾桶便會讀出一個笑話。把垃圾與笑話做結合，還真是絕妙啊。

工作上很多事情就像是鬼打牆，一直重複，如果用點心思把工作變得有趣，不只可以提高效率還可以提高自己的工作樂趣。我以前在澳洲工作時最喜歡玩的就是「有沒有別的更快的方法」，由於我常常挑戰自己，所以我的工作項目即使不變，但是我可以變化出很多有趣的做法。

那個電子檔丟到
電腦垃圾桶

那個紙本資料丟到
舊紙回收桶

其餘的工作丟給
你後面的飯桶！

垃圾桶理論

職場上，總有一些
俗稱「垃圾工作」
需要有人來做，
面對這類工作，
大家配合意願都不高，
甚至你推我拖，
你閃我躲，
真像是躲垃圾一樣。

不是所有垃圾都
一文不值，
能夠資源回收的，
撿起來做，
不為地球的將來，
也是為自己的明天。

出頭的不一定是出色的

✎ 天份不一定是加分

職場不是武林大會的擂臺，不是各憑本事拚個你死我活就能出頭天。有些人，就是沒有你出色，但是比你出頭，這沒有公平不公平，就是現象，現象就像是歐洲冬天下雪，台灣夏天刮颱風，這是一種現象，無所謂公平。

某個資訊部門，主管是跟著老董胼手胝足一路打拚上來，公司後來從製造業轉型到資訊服務業，他就順理成章地從廠長變成技術長。他像是疊羅漢中踩著一群人往上爬到最頂端的人，把所有重擔都往下丟，這沒有問題，問題是他的心態，他永遠擺出一副「要不是我給你工作，你去哪裡混。」

有時候踩對了時機跟對了人，就能雞犬升天，雨露均霑，天分不一定是加分，緣份才是重點。

這主管的用人理念更是讓人無法苟同，他自己國中畢業後就讀夜校半工半讀，他不僅是瞧不起沒有打工經驗的人，更是看不起免費做義工的人。他認為沒打過工就像是沒打過仗，而做義工就像是幫敵人打自己，因為哪有有錢不賺還做白工的道理。

很多窩在那名主管底下的都很不服輸，因為輸已經是一種不愉快的感覺，輸給比自己差的人，更是一種情緒被平快車輾

過的感覺，不是高鐵，也不是自強號，是慢慢地凌遲，悲痛地停停走走。被那主管修理過的人都體會過「失敗乃成功之母」，但是這母是後母，非得讓大家跌得鼻青臉腫、摔得粉身碎骨……從痛苦中成長。

天分有時候不比緣份加分，職場上如何為自己加分往往不是靠努力就可以辦到的。

✒ 出頭不一定需要出色

職場升遷有時候像是選美比賽一樣，常常奪冠的都令人出乎意料，多數時候都不是觀眾覺得最美的那位。在職場上出頭的不一定是能力最出色的，常常升遷名單出爐時，都是一片驚嘆。

歡歡在同一個職位上已經快五年了，她的能力是大家有目共睹的，但是在升遷上一直原地踏步，她很納悶為什麼主管常常派給她很重要的任務，甚至常常跟她說「幸好部門有妳這麼優秀的人才，為部門爭光。」但是升遷總是沒有她的份。

主管總是說不是不升她，而是沒空間升上去了，因為一個蘿蔔一個坑，能有的坑，不管是茅坑還是水坑，都被佔了。歡歡也知道這些人管他拉屎還是不拉屎，對於權力與地盤的垂涎與戀棧，一旦到手是絕不放手。

歡歡不是沒想過離職，只是想著：「一棵已經種到開花的樹，只等結果收成，沒有必要再遷移。」但是無止境的等待，

有時候會讓她心生疑慮：「難道這是結不了果的樹？」

歡歡想動，又不敢動，因為如果工作都是一樣，留在原來的單位至少還有一份熟悉感的優勢。她想著：「離職不難，但是找到下一份更適合自己的工作才更難。」

其實五年了，主管心裡也覺得她就是求個安穩的人，求安穩的負面聯想就是「不求變化」。即使能力再好，求安穩就是缺陷。

然而跟她同時期進來而兩年前離職的棋棋卻在這時候回鍋，還三級跳升到了副理的位階。歡歡百思不得其解，先不說主管告訴她沒有升遷空間，棋棋的專業與離職前有沒多大提升。問題是棋棋即使出去後的公司規模不大，但是棋棋也撈了個主管階。

出走，有時候會為自己開創不一樣的路，不一定更寬，但是一定有更多出路，康莊大道與羊腸小徑都是經歷，不需要一直想要在一家大公司熬，有時候出走之後再回鍋才能用更客觀的角度看事情。對於一份沒有出頭機會的工作，為自己找出路是必須的。

★ 不得志，常常只是不得門路

內行人看門道，外行人看熱鬧。要熟悉門道後才能知所進退。

老張總是抱怨主管對他的工作表現毫無肯定。他在一家傳

統製造業擔任總務，一待就是十幾個年頭了，管理處只要有升遷機會，都不會輪到他，他從頭幾年的心有不甘到最後的心灰意冷。

有些老鳥常會自嘆「四不」的際遇，這四不是──「遇人不淑」、「還才不遇」、「不以為意」與「不敢苟同」。

這些不，就是老鳥之所以淪落為只有年資上的老化，而沒有升遷上麻雀變鳳凰的轉化。

老張的不得志是因為他不願意花心思搞懂各部門的「門路與門道」，不是所有企業的總務部都是一樣的，即使工作項目相去不遠，但是人員的差異可能是南轅北轍。

職場上發展不順利，當然有天時地利人和的影響，但是也有天助人助自助的關係。不自重者，別人也會輕視。人與人相處的舉足輕重就像是蹺蹺板，你對自己看重時，別人要以對等的尊重與你相處，才能得到合作的平衡與和諧，相反地，如果一個人總是輕易答應、輕易反悔、輕易遲到、輕易犯錯……，這種敬業態度輕率、輕薄的人，別人也會以這種份量對待他，才能達到平衡。

所以，如果遇到敬他三分，他也會回饋三分的人，彼此相處才能平和；相反地，如果讓他一步，他卻得寸進尺，這樣就會讓彼此的氣氛傾斜或崩塌。

✒ 年輕就是本錢，拿本錢換本事！

上帝是公平的，誰沒年輕過，所以每個人都有這「年紀優勢」這天生的求職第一桶金。

職場是現實的，年輕能多久，所以每個人都需要把這一桶金的本錢轉化與進化成本事。

擁有本事不是一件難事。如果你在對的時間做對的事，如果再遇上對的人，就是天時地利人和。年輕的時候就開始著手動手練習本事，不管是哪一套理論，「一萬小時從門外漢變成巷子內」或是「28天養成一個好習慣」，總之，讓專業學習成為習慣就會產生複利。

有專家提出：「冒險趁年輕。」

張愛玲說過：「成名要趁早。」

以「白話」與「有感話」解讀名人說法，成名就是名利雙收，名利雙收帶來可觀財富……，擁有財富的時間點會決定你的享受與享樂空間。20歲中20億樂透跟60歲中60億樂透，選擇前者的都多。

40歲的總機叫做年老，40歲的總經理叫做年輕。

職場上的年紀計算不是「嫩妹與熟女」的綜藝計算法，而是以專業。美國總統多的是年過50歲「跳槽」或「轉業」的，只要不是連任，都屬於轉業，從州長選總統或是從參議員下馴隊上馴……，都算。

冒險趁年輕這不是一句「氧氣十足」的打氣鼓勵話而已，說在嘴上，飄在空中。可以是具體可行的「硬體」與「固體」。就硬體而言，年輕人從醫學角度來看，反正較少骨質疏鬆問題，換句話說就是耐摔、能摔、可摔。

　　如果以年紀為X軸，職場挫敗恢復力為Y軸，隨時間飛過、人們走過、小河流過、愛人換過……線條就會越往右上角走，那時候，我們就沒有摔的本錢與本事。耐摔當然是本事，要知道如何落地，在哪一處落地。

　　年輕時是不繡鋼，恐怕連你自己都不知道自己能有什麼作為或是能耐。

　　年紀越大，自己就越清楚自己的專才、喜愛、興趣……，這個清楚就讓自己的職場競爭力更加「透明化」，一旦透明，就有能見度，別人就可以一眼或是兩三眼就知道你幾兩重。透明的代價就是「易碎」。壓克力易碎、玻璃易碎……。

　　總歸一句，具體形容，年輕就像是鋼杯，當兵時的鋼杯，如何被砸在地上、掄在牆上、摔在路上……凹凹凸凸、坑坑洞洞……都不會傷害到「還是個杯子」的本質，這本質用白話來說就是「還能有個工作」。但玻璃杯就不同了，哪堪一摔。中年失業、轉業與換業……難度更高。

　　年輕的本錢要趁早轉為本事，本錢在你的口袋裡或存摺裡，會貶值甚至有遺失的風險，然而本事就會在你的骨子裡與腦袋裡，跟著你一輩子。

木桶原理 Cannikin Law

一個由不同長度木板打造的木桶，其水位會決定在最低的那塊木條高度。所以即使有一塊木條很高，也不能提升水桶的水位。這是一個很殘酷的概念，因為不是求平均成績，而是取最低分。

同樣地，如果把這原理套用在職場能力，若是一個人的短處太明顯，例如情緒管理很差，光是這一點就可以抵銷掉所有他的長處。

人可以有缺點，但是不可以有致命點。偶爾遲到是缺點，慣性遲到、早退、翹班就是致命點。誰都有情緒，如《聖經》裡說的：「可以生氣，但是不可以犯罪。」生氣是人的七情六慾，偶爾抒發，可以解壓，但是犯罪就是造成「難以挽回或是不可彌補」的後果。

新鮮人不要一副「反正我能力夠好，優點很多，有一兩項缺點應該可以功過相抵」。菜鳥的優點多半只是這家公司錄取你的必要條件，所以沒有什麼好張揚的，例如英文秘書的英文很好只是必要的，但是如果倉管助理英文很棒就是加分。而菜鳥的缺點卻會被貼標籤，因為大家還在「定位」菜鳥是屬於哪一種類型。

要提高自己的成績，很簡單，只要加強補強自己的缺點，把最低的木條拉高，就能牽一髮而動全身地全面提升自己的地位。

我的優點就是沒有缺點

我的缺點就是優點太多

你們的缺點就是分不清優點缺點

木桶原理

一個由不同長度木板
做成的木桶，
其水位會決定在
最低的那塊本條高度。
所以，即使有一塊木條很高，
也不能提升水桶的水位。
這是一個很殘酷的概念，
因為不是求平均成績，
而是最低分。

你的優點是讓你找到工作
的必要條件，
不足以驕傲；
但是你的缺點卻可能是
讓你失去飯碗的危機，
你需要有危機處理的能力，
拉高所有木板塊，
以保全自己的工作。

鴨子不只滑水，
還要會跳天鵝湖

無心插柳，乖乖澆水，就會柳成蔭

無心插柳，很難坐享其成。有心栽培，才能開花結果。

胖胖的志願是要當個大老闆，還在就讀南部某私立科技大學時，他總說「學歷沒有價值，只有價格」，所以大學四年，他沒好好讀過書，只是等著畢業後當個大老闆，把投資在學歷上的錢連本帶利賺回來。

還在學校時，同學朋友間，知道他這遠「大」志向的，都會問：「胖胖，你要當什麼大老闆？是哪一個產業的大老闆？」

胖胖會淡定與淡然地說：「就是當老闆，我沒想過一定要在哪個領域，或許畢業那時候，看什麼很夯、很火熱的，我就跟著做吧。」

大家在胖胖面前不提，眼前不說，背後可是當胖胖是個癡心妄想愛做大夢的傻大個兒。

胖胖畢業後就隨便挑了個「無經驗可」的業務助理工作，他挺樂在其中的，因為對他而言，這是個不斷跟人說話聊天的工作，他喜歡跟人親近，跟人說話，聽人說話，加上他的神經「粗大」正好讓他對別人有意無意的「小動作」毫無感覺，換句話說，除非對方直接了當地說：「我是不會買你的任何服務

或產品。」要不，胖胖會一直熱情與熱忱地跟對方分享公司產品。

許多客人試著讓胖胖碰軟釘子，胖胖總說：「軟釘子是釘面子的，不是釘身子的，傷不了人，流不了血，無所謂的。」

胖胖的優勢就是他一直是以當老闆的態度在做一個小業務的工作，他不是只把這工作當作一個底薪兩萬，加上交通津貼三千的工作。他真的把這工作當作自己的事業在經營。

才短短三年，他一路從業務助理、業務專員、業務主管，升官加級，薪水三級跳，但是，他還是記得「要當大老闆」的夢想，當他要離職時，公司跟他好好談了許久，胖胖也跟老闆說了：「蔡總經理，當時您面試我時，我就跟你說過我以後要當大老闆，蔡總經理您當時還很肯定我這樣的想法，並且跟我說我一定可以的，現在，我可以了，我很感謝公司給我的機會……」

總之，最後蔡總經理把個人的一部分股份轉到胖胖名下，讓胖胖也當了小老闆，不久之後，蔡總經理幾乎把整個公司都交給胖胖管理。

而胖胖當時大學的同學卻沒有一個人發展得比他好，當時學的是資訊管理，這科系幾乎所有科技大學都有，胖胖的學校評價在企業界不是太好，所以，同學投遞履歷時常常只是增加分母的那個數字，只是成就別人的那個「擊敗上百個應徵者」而錄取的光環。

胖胖或許是無心插柳，或許是有心自知，總之，他不介意從業務助理開始做起，也不抱持騎驢找馬的心態，他把一份小工作當作是自己的事業在經營，原來他的大老闆心態是以老闆的心態去看待每一個工作細節。

魔鬼就在細節裡，天使就在方寸間，轉一念，把公司的事業當自己的事業，以同舟共濟與風雨同舟的敬業態度在工作。

勞資雙方不一定要對立，可以是互利。然而，事實上，員工怨恨老闆，老闆數落員工的事情天天都有，如果，員工可以站在老闆立場思考，老闆願意站在員工角度衡量，彼此間的「情緒內耗」或「專業內鬥」也許會減少許多。

★ 裝不行的人最行

很多女生都很痛恨「假掰女」，認為這類人就是天生的演戲高手，可以在電話那頭跟男生說話時輕聲細語，但是一轉頭跟同性說起話才卻是嘎聲粗語。這類假掰女通常最拿手的就是裝不會、裝不懂，因為這樣就可以製造出機會給男性同胞大展身手，好好表現的機會。我們不能說假掰女一無是處，或者說有時候當個一無是處的角色也不是壞事。

「能者多勞」是懶者對能者設下的甜蜜陷阱。能者永遠不需要透過多勞來顯示自己的本事，是鑽石，埋在沙堆都能閃爍，是顆石頭，怎樣琢磨還是石頭，頂多變成一顆鵝卵石。

大霞是個裝不行高手。一次與總經理北上跟某大企業商品

部門談合作方案，會議後，還未確定是否有合作機會，就先上演大家拚酒拚情誼的場面。

很多人還是認為拚酒文化不只是不可避免的，還是必修學分。大霞什麼都大，大頭大臉大手大腳，做起事來，有條有理，開起口來，有聲有色。她會四種語言：國語、台語、客語和英語。但是非必要時，她是不會顯身手的。

那次聚會上，冒出一位很有來歷的土二代，土財主第二代，鑽錶、金項鍊、戒指……放閃的程度直逼跨年煙火秀。這土二代喝了酒後，借了酒膽就開始對同桌的女性獻殷勤。當他的目標轉向大霞時，他開口：「小姐，我看妳氣質很好才要跟妳說話，妳不要看我『拍跨敏』，我其實是個正人君子。」

大霞臉不紅、氣不喘、眼不轉、屁不放地說：「先生您說什麼拍跨敏？」她故意裝聽不懂台語，她當然知道那是臉部表情不好看的台語，但是面對這種場合，她只想能撇多清就撇多清。

職場上的聰明有三種：真聰明、小聰明、裝聰明。最可敬的是真聰明，最可惡的是小聰明，然而最可憐的是裝聰明。裝笨比裝聰明難，因為很多人都想以裝笨來閃避工作躲避責任。正所謂「一笨天下無難事」，因為天下的大小事都不會落在自己肩上。

所以，不該求表現的場合，裝笨卻也是最聰明的表現。

★ 三個臭皮匠，只能勝過兩個臭皮匠

「三個臭皮匠，勝過一個諸葛亮」這話激勵作用大過實際的成效。「天生我才必有用」沒說每個人都能大用或是好用，只是有用。一本武功祕笈，懂功夫的可以拿來提升自己的戰鬥力，當武林第一，然而不懂的人得到祕笈頂多只能拿來當隔熱墊。都是「用」，但用途不同，前途就不同。

事實上，除非是打架，三個對兩個當然可以輸人不輸陣，如果是鬥智，三個臭皮匠只能勝過兩個臭皮匠，就算十個臭皮匠，還是贏不了一個諸葛亮。加上，都是同質性的人，如果臭皮匠的平均智商是100，那麼，十個臭皮匠還是智商100。

所以關鍵在於要避免跟同質性的人混成一窩，要建立自己的智囊團。如果你的專業是行銷，那你就該認識學工程的以及學文學的，這樣才能拓寬自己的視野。

茱茱學校學的是醫護管理，但是求職時從業務助理、企劃助理、總經理助理、董事長特助……十幾年後成為某公司管理部副總經理，說她學非所用也好，說她異軍突起也行。她的能耐不只是做好助理的工作，還跟那些「指標性人物」建立良好的師徒關係，因為她的非本科背景，讓她更虛心學習，當業務助理時學會業務作業、當企劃助理時學會企劃流程、當總經理助理時學會管理技巧……，這些她跟過的業務主管、企劃主管、總經理與董事長後來都變成她的智囊團。

如果一個小助理永遠只是跟其他的助理一起混，永遠只能見識「助理」的世界，是無法提升自己的眼界的。

✒ 跟老闆談薪前先談心？

我只遇過一個會「積極」幫員工加薪的老闆。當時我在澳洲最大的私人某財會證照公司上班，老闆是個英國人，每年加薪兩次，有一年還加了三次，多出來那一次是他讓我去上了一個assessor的證照課程後，我成為合格的批閱報告人員，多了一個身份，他就覺得值得為我加薪。

說真的，如果一個老闆總是在我專業成長之後主動加薪，我就會更積極地回饋，會在專業上更精益求精，一來一往，我專業成長，公司主動加薪，就形成了正向循環的雙贏局面。

然而，我遇過很多不願意幫員工加薪的老闆，但是最惡質的是一位南部土財主的土二代。土二代會在公開場合直接說：「我不喜歡給員工加薪，因為一旦加了，就不能降回來，所以我喜歡包紅包，紅包可以這個月給，下個月不給，我可以想給就給，不想給就不給。」

這個土二代真是個土包子，原則上他還是比起不加薪也不額外包紅包的老闆強太多，但是他就是土，竟然拿自己與每年固定加薪的企業比，當然是楊麗花比如花，國寶對耍寶！

他大可包裝自己，好好宣揚自己的德政：「景氣很差，大學生領22Ｋ，碩士博士找不到工作做，我們公司還可以不定期

地把盈餘當紅包發給員工。」

「不定期」這是多好為自己的小氣解套的話。

同樣一件事情，好好說，就是不一樣，這就是懂得溝通的人的優勢。你也可以做一個在溝通上佔盡優勢的角色，重點是，你要知道如何見縫插針還不會扎到人，見風轉舵還能不翻船。

談判加薪是有難度的，如果沒有難度，那老闆的門就會像是便利商店的「歡迎光臨」自動門，叮咚叮咚響不停。景氣越低迷，談判加薪的能力需要越高超。因為這表示「僧多粥少」，要有本事的人才可以吃「一碗飯」，而不是只是混著一群人中大家一起吃大鍋飯，分食著一點點湯湯水水的茶泡飯。

要會吵的孩子才有糖吃？這話既對又不對。你納悶地想既對又不對，不就是前後矛盾、上文不對下文。「臭豆腐香香的」，這話有矛盾嗎？臭臭的是還沒下鍋前，香香的是炸酥了之後。同理可證，會吵的孩子有糖吃，會吵就是表示已經開了口，表達了意願，這就是對的部分，然而，能不能有糖吃實在不是吵吵就行，而是要看吵的內容，這就是你要溝通的關鍵。

在你敲老闆的門之前，你要預備好如何敲老闆的心門。你必須知道老闆會怎麼處理，如果你還沒有頭緒也沒有概念老闆會怎麼處理，事前沒有做足功課甚至來個Q＆A大猜題加上情境預演，你失敗的機率是很大的。沒做好準備的談判就是只抱著「看我這隻瞎貓能不能碰到死耗子」，可惜的是多數的老闆都

是長命百歲的活老鼠。

　　首先，為什麼你對加薪「起心動念」，這念頭是來自哪裡？年資夠久？時間到了？你要不要去公司的停車場看看老闆的車，年資夠了都是汰換掉，如果你的本事與價值只是在於年資這檔事上，我只能勸你再想想別的說詞，因為「年資夠久與時間到了」是談判加薪最差的條件之一。

　　如果你的「祭薪水文」裡面有這樣的詞句：「跟我同時間進來的不是升官就是加薪了，我還原地不動，我深深感到眾人皆升，我獨降。」奉勸你該好好拜讀的不是「陳情表」或是「祭妹文」，而是如何讓老闆主動加薪，或是如何在同儕中出人頭地。哀兵之計不是職場上競爭的好戰略，因為一旦你示軟了、示弱了，只是陷自己於「沒有功勞，也該有苦勞」的悽慘地步。

　　「沒有功勞，只有苦勞」是不該被加薪的理由之二。公司請你上班就是要你有功有勞，既然沒有功勞，其餘的價值都是微乎其微、可有可無的附加價值。你該貢獻專業贏得功勞，而不是只是圖個你也有盡自己的那份力，或許沒有人跟你明講過，工作上盡心盡力不是優勢，而是基本常識，即使你遇過很多偷雞摸狗的人，但是，說白了，多數公司加薪制度都是要看貢獻度的，而不是看你是哪一個年度進來的。

　　「我的工作量變多了」這也不是太好的加薪說詞，試問，你有想過公司成本變大了，油、電、原物料等都漲價，當然不

是要你緬懷「比上不足比下有餘」的淡然心胸，但是很多時候工作量變多只是一種必然的經過，因為你試用期的前三個月都在摸索與學習，等你熟門熟路可以一邊工作一邊娛樂時，公司自然而然會加重你的工作量。很多工作項目確實是在一個新人熟悉之後才會派下來的，不要懷著怨婦心態地認為別人都是在佔你的便宜。

如此聽起來，似乎沒有多少加薪的好說詞。別氣餒，要談判加薪確實有一定難度，但是不是完全沒機會，機會就是自己尋找與創造。例如，增加自己的專業項目，提高自己的貢獻度。這是很實際的，畢竟多數公司支付薪水的基礎就是「一分錢一分貨」，沒有人願意買貴。

很多人都聽過「創造可以被利用的價值」，但是在這以外，更要「創造自己不可被取代的價值」，別忘了物以稀為貴這理論放在哪一個領域都能被印證。

阿肯是個新加坡華人，中學之後到了澳洲讀大學，畢業後在當地找了個工程師的工作，原本他只是數十個工程師中的一個，每天照行程表做事，直到一次公司開發了一位在中國很大的客戶，中國那方的公司很大，裡面的業務代表英文程度好得跟英語系國家的人一樣，問題是阿肯的公司向來是做歐美生意，突然來這麼一大筆生意很想接，又很難找到一位可以懂公司營業項目又懂中文的，業務部主管突然想起工程部有位工程師是華人背景，於是，阿肯的人生就有了個很大的轉變。依阿

肯木訥的個性，他是很難主動去應徵一個業務工作，但是從公司內部由工程師轉業務卻是一條很適合他的路，他儘管木訥害羞，但是因為是自己熟悉的領域，所以即使木訥也不致於詞窮，因為談起工作他可是能侃侃而談、說得頭頭是道。

阿肯後來因為調職，他也趁勢跟新的單位談了一個很漂亮的薪水，遠遠比任何工程師與業務員都還高，因為他同時具備了這兩項職務需要的能力。

「贏在起跑點」這公式套用在職場上不全然正確，畢竟職業生涯是個馬拉松賽，不是百米衝刺只是要搶贏在槍聲後先起跑。有時候先輸後贏這種迎頭趕上的快感會好過一路領先的優越感，因為先輸過，所以後來居上時會更加珍惜這種辛苦取得的成績，即使有朝一日又落後時，心裡的調適也會好過從來沒輸過的人。

最棒的薪水就是沒經過比較的薪水。這話或許有點阿Q，但是經過調查，多數人認為該加薪都是經過比較後的想法，例如：我目前的工作比以前多、跟我同時間進來的人已經領比我多20％的薪水、在同業間公司的薪水……。所以，最棒的薪水就是沒有經過比較的薪水，但是，別忘了，連全球總統的薪水都會被拿出來做比較，我們這種小人物也很難逃過被比較與被列表的命運。

鯰魚效應 Catfish Effect

沒有外敵的團隊就會產生內鬥，因為人性好鬥是天性使然。

遠古時代上山打野獸，現在則是在平板上打怪。職場上打打殺殺是必然的，因為升遷的管道永遠是窄門，若是不擠掉別人，是過不了關的。

然而，很多時候，一個部門發展久了，一切上軌道了，所有事情好像都是理所當然，按部就班，就失去了創新與改革的動力，除非遇到強烈的外力迫使必須變動。

西班牙人喜歡沙丁魚，但是沙丁魚天生嬌貴，又懶於活動，一旦被捕後，從碼頭送到市場，常常不是奄奄一息就是魚肚翻白。船員納悶地想為什麼沙丁魚在海裡可以活得好好的，但是一旦離開了海底弱肉強食的環境卻是死氣沉沉，原因就是沒有外敵的逼迫，沙丁魚是沒有自律想活動的，於是那人就在一群沙丁魚中加入一條鯰魚，鯰魚是沙丁魚的天敵，沙丁魚為了不被吃掉，只能拚了命地閃躲，因此，也保持了沙丁魚在運輸過程中能存活下來。

同質性很高的團隊不是一言堂就是應聲蟲，因為大家的思維都差不多，有時候在當中安插一個完全反差的人，可以增加看事情的角度，有人正向思考，有人逆向思考，雙向絕對好過單向，沒有人唱反調，就不知道主調在哪裡。

你是小池塘裡的大魚

你是井底之蛙…

夠了，你們都是
「碗裡蝌蚪」…

鯰魚效應

安於現狀是慢性自殺，
因為不求成長的求職者
就是慢慢地把自己
往失業裡推。

不進則退是職場生存生命線
續存的關鍵。
科技是十倍速進步，
求職者實在沒道理希望自己
一直是停在V0.1版。

一群沙丁魚
你擠我我擠你，相安無事，
但是在當中
放入一隻「異己」鯰魚，
沙丁魚就會活躍起來。
有時，沒有外患就會有內憂。

遇強則強有時候是好事，
讓我們有機會檢視
原來天外真的有天，
火箭出了地球的大氣層
還有宇宙。

專業人資
實話實說經驗談

A Face-off
for Your
Career

不聽老人言，吃虧在眼前，不聽專家談，吃鱉沒得閃。

在職場上吃虧或是吃鱉多數都是因為鐵齒，

但是再鐵齒的人，虧跟鱉也未必咬得下去，吞得進去。

他山之石可以攻錯，別不聽建議頻頻犯錯。

犯錯多了，失去信心，犯錯久了，失去人心。

一位資深人資HR
的經驗分享

不聽老人言，吃虧在眼前，不聽專家談，吃鱉沒得閃。

在職場上吃虧或是吃鱉多數都是因為鐵齒，但是再鐵齒的人，虧跟鱉也未必咬得下去，吞得進去。

老人跟專家的話，無論是老生常談，還是專家開講，通常不是當頭棒喝，就是醍醐灌頂，都有值得我們借鏡的地方。

以下是真人實事，真人真事，實話實說的分享，但基於保護個人身份，僅以個人資歷簡述。畢竟這些高手都還隱身在職場叢林裡，不希望高度曝光後招來非必要的注意與注目，關心與關照。真正的祕辛是因為他們的職位很敏感，知道公司的用人制度、授薪制度、升遷制度，很多公司都是明文禁止員工討論薪資。他們不希望具名之後讓公司黑箱作業的事情被攤在陽光下。

在台灣，每當我介紹自己的職業是人力資源時，最常被接著問的是，這是做什麼的？可見這領域尚未被社會大眾所熟悉，人力資源領域的專業性定義向來不如醫師、律師、會計師有明確國家考試可認證，甚至也不如業務、行銷、資訊等領域讓普羅大眾來得有基本概念？由此可以想見，在這一行裡很容易就變成每個人都可以入門，

幾乎沒有所謂的職業基本入場的門檻需求，願意的話就能拿到入場券從助理做起。相對於那些醫生、業務員、設計師……，可能要當幾年住院醫師才能升任總醫師；包裝過數個成功品牌才能成為行銷經理；要客戶口耳相傳你的設計作品才能稱得上名建築師，做為一名人資就沒那麼多門檻要跨，只要你願意，一個歷史系的大學畢業生大可先從人力資源的行政助理做起，待個一、二十年，最後甚至能做到人力資源總監，卻完全不需要人力資源的學歷或是相關專業認證。

　　經由以上人力資源領域的現況簡介，相信讀者就能明白在台灣人力資源領域裡有多少精彩的職場案例可以分析了。不是說一個沒有專業認證的領域就都有問題，我相信擔任業務的門檻也不高，只是人力資源部門身為公司與員工的溝通橋樑，有許多與「人」相關，很多問題沒有一定的解決模式可遵循，許多是非黑白難分的灰色地帶，讓身為人資人員的我們，必須憑藉專業與智慧，或甚至可說是良心道德觀來做決定。我想分享一些近年來遇到的例子，沒有明顯的對與錯，但卻是真實發生在職場上，不管身為老鳥、菜鳥或笨鳥的你，都一定要知道你們可能也曾遇過有這樣立場與想法的人資人員。

　　你知道當你面試的時候，是什麼決定你會不會被錄取嗎？專業績效？學歷？工作經驗？我曾任職於某南部科技

大廠以及休閒食品大廠，面試後身為部屬的我們，通常會進一步詢問候選人表現？曾經問過這兩個大廠的人資主管得到的相同回答是：「面相不錯，可以安排下一關了」，前五分鐘確定好面相，接下來的時間只是閒聊，或是包裝宣傳自己的公司有多好，待遇福利有多讚，這就是所謂的甄選，不是結構式也不是非結構式，所謂命運式篩選是也。因此依照這樣的方式類推，那麼在面對離職與留任的解決方法上，也是跳脫一般人力資源管理理論的中心思想，若有部內大將離職，那麼員工辦公室的風水肯定出了問題，於是算好時辰，將所有桌子一起轉向，要加隔板，要添綠樹盆栽的，需要水晶加持的，樣樣都不可少，所以就在每隔一些日子不斷地將桌椅轉來轉去的情況下，部門內的同仁們也習慣坐在與原本設計不相符的狹小空間內辦公了。

再說到促進留任率的方式，人資主管認為促進部門間聯誼，不僅可以賺筆媒人錢，修善緣做好事，還可以增加員工留任率，因此每到週末或下班晚餐時間，邀約單身男女聯誼就是最重要的事情，找餐廳，排時段比平常安排部門重要會議都還積極。

當然面試看面相，離職轉風水，留任拚聯誼，這些畢竟不是每間公司的人資人員都是這樣，只是提供一個角度讓讀者思考，當你遇到評估你的人其實看中的不是你的專

業與經驗，而是不斷強調自己的公司有多好時，並與你閒話家常，你也大可放寬心地將精力放在下一家公司的面談上了。

也許你會問，為什麼這些主管還能在人資界裡打滾，應該會被自然淘汰啊！其實這領域待久了，就有主管缺，端看你怎麼寫怎麼包裝。曾有一些資深的人資專員在履歷上將自己「沾醬油」式的工作協助也列為一項專案，面試時將別人的工作內容當成自己的來講，照樣可以在其他公司找到不錯的主管缺，筆者也曾經遇過有主管對著我說：「做人資就是要虛偽，太真誠的人不適合。」所以正直與真誠的人資人員並不是這位主管要的，一樣米飼百樣人，你無法預期你會遇到哪一類的人資人員，但可以知道有的時候並不是你的問題，而是這些評斷的準則實在是太無厘頭，也沒有專業素養可言。但可以期待的是，在這領域中仍然有許多專業的人資人員努力將這些準則標準化與專業化，並逐漸引進歐美國家發展已久的人力資源專業。

雖然這是真實故事，但台灣職場上的階級倫理壓力，會讓你拚了命也想做好向上管理，不管你的人資主管是如何的不科學化、無理以及頭痛醫腳腳痛醫頭，這是台灣好員工的本質，也可說是台灣職場阿信的寫照。最近很紅的日劇「半澤直樹」說：「部下的功勞被上司佔為己有；上司的失敗是部下的責任。」可見台日真的連職場文化都交

流得很好，曾經幫主管背過黑鍋的我，親眼看見，主管因為自己搞錯承辦對象而誤發了信件與附加檔，卻在部屬去電告知錯誤後，馬上又發給對方一封解釋信說：「是底下的人搞錯了，所以我才誤發了，煩請忽略此信內容。」當你全程被放在信件的副本裡，這天上掉下來的黑鍋，你要不要背起來然後給你的主管台階下呢？當然不是每個人都有半澤直樹——「以牙還牙，加倍奉還」的骨氣，但是我發現這件事情的後續處理方式其實有很大的世代差異做法。

　　例如，被稱為草莓族的七年級生與果凍族的八年級生相對於走過學運的五年級生或是遇上髮禁解除的六年級生，前者較為西化，也就是較為「個人主義」，多數是「mind your own business」的信奉者；而後者則較為保守，走過學運的都知道，一個人是成不了氣候的，有時候為了部門利益或是公司利益，「代主受過」就只是工作項目的一條。

　　「顧全大局」跟「大是大非」之間確實有重疊性，有時候不是你的錯，但是，必須拿你開刀好來「止血」，因為傷到主管往往就是傷筋斷骨，其實，即使部門主管願意勇於承擔一肩挑起，認錯的勇氣不是主管的第一形象，而是專業。所以，當主管於專業形象上失分時，下屬適時地犧牲小我，或許是成就更團結與精良的team work的機會。

前幾年很紅的電視劇「杜拉拉升職記」中有一幕，杜拉拉滿腹委屈地說著：「我只是想把工作做好，難道都這麼難？」男主角回說：「工作從來就不是把事情做好這麼簡單，要有政治敏感。」

或許七八年級生對政治不如五六年級生熱衷，但是，政治敏感就是要知道「安定人心」與「樹立形象」的重要性，所以我們也確實在現實生活中看到政府如果政策上出錯，人民喊著某部長下台時，就有部長以下的人員出來概括承受。

這其中沒有對錯，因為公司存在的目的從來就不是追求是非，而是利益。

經驗分享者背景

Juliana K

Master of Educational Human Resource Development, Texas A&M University，曾服務於知名球鞋製造商，全球百大休閒零食外商，以及全球最大半導體封裝測試廠，目前任職於汽車零配件供應鏈產業，資深人資人員，人力資源該有的專業與資歷雙雙齊全。

職場心得分享Q&A

　　為了讓讀者們更加了解與貼近真實的職場生活，筆者做了一些問卷調查，對象以具備人力資源背景者為主，讓這群身份是求職者，但是也要負責企業求才的專業人士以第一人稱分享他們在職場上的經驗。這樣說起來好像是裡外不是人，因為既要熟悉企業求才的遊戲規則，還要自己玩起角色扮演，又好像是裁判兼球員，兩面通吃。

　　具備人力資源背景的求職者真的具備「知法玩法」或是「見招拆招」的先天優勢嗎？如果你讀到他們也是一路受挫、受迫、受苦的經驗，你或許會明白為何很多人資專業人士會感嘆「舉世皆濁我獨清，眾人皆睡我獨醒」。

　　在一個獨眼龍的國家，那個張開雙眼的人就是不長眼，有些事情，要睜一隻眼閉一隻眼，必要時，搗起耳朵，閉上嘴巴，專業不是出頭的唯一辦法，專業有時候像是兩面刃，當你在大顯身手時，難免會誤傷自己，「菜蟲吃菜，菜下死」無疑是自食惡果的寫照。

　　以下的問卷題目很簡單，但是答案很豐富。很多故事背後是當事人幾十年的辛酸與感嘆。提供給讀者作為借鏡，對照一下自己的處境，能當後照鏡，看一下自己走過的路徑。

Tiger Yang

此人是「好個真人不露相，露相還真是個好人」。

於上市公司、龍頭企業累積人資「一條龍」全方位的實務經驗。所謂一條龍就是「選、用、育、晉、留」……，並於技術學院擔任講師，求實務與學術的雙頭並進。服務過全球散熱風扇設計與製造銷售公司、高雄大型百貨連鎖集團、雨刷設計與製造公司、知名醫美診所。

- 高雄應用科技大學管理碩士　　・上市電子公司人資處經理
- 南部大型百貨集團人資經理　　・流通業/製造業總經理特助
- 醫美整形外科診所顧問：南曹北林的南台灣美醫代表【曹賜斌整型外科】http://www.dr-tsao.com/

Q 你的第一份工作對你後來求職的影響。其中與你所期待的職場生態的最大差異是什麼？

Ans: 第一份工作對我影響相當深遠，在職場競爭力的區塊，如果將其區分成專業領域、上下司管理與同事相處等兩大方面，自己在專業領域上實在有夠幸運，剛好在一家穩定又上市的集團所成立的子公司工作，五年期間，從原本十人的小公司發展到一百多人的規模，既學習到了母公司完整的管理制度，也歷經了人資、總務行政、生管、倉管、採購外包、IT等單位，同時也是該公司第一任ISO-9002管理代表，這樣的經歷，著實讓自己獲得一個製造業領域累積專業上、廣度上的寶貴經驗，

也對日後的職涯發展上扮演著關鍵的因素。

太過單純的企業環境，是好？是壞？

在上下司管理與同事相處的部分，至今回想起來是一則以喜一則以憂，喜的是自己遇到一個懂得授權、民主式領導的好主管，做任何事情都會以合情合理的角度來看待，憂的是處在這封閉式企業環境裡，好像桃花源似地自成一國，因為主管、同事間相處愉快，自得其樂在其中，殊不知在未來的某個時間裡，自己走出來、進入到其他企業職場時……，就像是誤闖入另一個時空，才恍然發現自己像是關在冷氣房裡的人，不知道職場上的水深火熱，更不知道整個職場的人際複雜度與陰暗、光明面的種種，不僅讓自己走過一遭「一年換好幾個老闆的體驗」，也使自己在心境上經歷了一番折磨與體驗！

不要讓自己落入「要在這家公司待到退休」的陷阱裡，時時提升「職場競爭力」才是王道

初踏入社會、職場新鮮人的我，心裡想著自己怎麼那麼幸運，可以遇到這麼棒的主管與企業環境，就讓自己跟隨企業一起成長，直到退休囉，這是多麼美麗的話語啊！沒想到進入企業的五年後，隨著企業高層臨時改組的序曲，揭開了一幕幕人事變動，進而促使自己做了重大職場道德決定，跟著自己長年追隨的主子（主管），

一起離開了我踏入社會的第一個職場。現在再想想，這職場道德儼然成為自己的形象之一。

原本期望服務到退休的公司，留下許多美好回憶與成長記憶的公司，自此落幕，而我的職場人生也因此被迫起了變化，開啟另一職涯高潮迭起的里程碑。

Q 不公平不公義的事到處都有，你在職場上遇過（自己經歷或親眼目賭）印象最深的是什麼？

Ans:

原來職場菜鳥要在活動或競賽中主動出列！

話說當年，在第二家能夠讓自己穩定下來的中大型企業裡，初進時期，公司舉辦了主管讀書會競賽，當時身為幹部的我，自然也是某組的成員之一，接到這活動指令後，自己當然是努力地去研讀讀書會指定的書籍，以便做好組員的責任（而我是這組裡位階與資歷最淺的），只是隨著時間飛逝，轉眼間要做讀書報告的日子已經越來越接近，心中納悶的聲音越來越大，怎麼到現在都沒有組長來跟相關組員做工作分配呢？看來還是「化被動為主動」會妥當些，於是撥了電話給組長，得到的結果是組長（高階長官）出差還沒回國，接下來再撥給我較熟悉些的組員（也是高階長官），幸好有找到人（還好

沒出國）但他因為近期忙碌許多要事，根本都還沒做什麼準備……，天啊！不是快到報告的日期了嗎？怎麼大家都不會緊張啊？不行，我再試試另一組員看看，從這名組員的話語中，我才明白自己可以不用再繼續打電話給其他組員了，原因是大家都很忙，會做的就是會做，不會做的還是不會做，最後不得已要做的就是由新人來做啦！

心裡不免驚訝著：哇賽！看來自己如果要繼續在這職場中存活得好一些，還是盡快努力做報告去囉！不過心中還是不免犯嘀咕著：「做工作，誰不忙呢？」

你見識過讓你欽佩的「職場達人」，他們有哪些過人的生存之道？

Ans:

平凡的高中學歷，人人搶著要的會計

我思索著：一個即將邁入中高齡（六年級生）、普通的高中學歷的會計人員，為何還沒離職就紛紛有人來聯繫想挖角她？為什麼前老闆也一直想請她回任？

某公司行事曆是照著政府機關走，明天，是政府宣布要補上班的週六日，老闆今天跟她說，明天妳不用來補上班沒關係，就當作休假日！說畢的隔天，她還是「準時

去上班」！

風雨交加的日子，某個案件仍趕著送件到市政府，心繫著案件進度不知會不會因此而受到影響，冒著即使穿雨衣也會濕的風雨，依然將案件送到目的地，只為了求得一個「放心」。

某老闆生性節儉，但仍體恤員工，開放辦公室開冷氣，不過在人人外出、只剩她獨自留守時，她會主動將冷氣關上！

會計師向老闆稱道，她做的帳真是沒話說，不容許自己的帳有絲毫不清楚之處。在某一時間點，她跟會計師透露出想離職的念頭，會計師的第一句話是：「我幫您介紹！」

這樣的員工，有哪個老闆會不喜歡呢！

 請分享一下你個人職場上生存的經驗談，隨談，亂談，有的沒的都可以談。

Ans:

家族企業，工作甘苦談

很榮幸的，個人的職場經歷中，百分之九十以上是直接面對高階經理人（協理以上），百分之九十以上是在家族企業任職，憑著這些小小資歷，應該可以來「喊聲一

下」吧！

老闆做主、老闆娘真心相輔、在企業中好多個家族親戚的情境中：在這樣的環境中，老闆重視專業與人情味，又有善念，跟老闆娘心連心相輔相成，各自扮演黑白臉，如果家族成員沒有干政也不會過度濫權，其實這樣的環境並不比非家族企業差，反而可以讓有才華、想做事的人好好發揮長才，因為在這樣的企業裡做事效率與執行力會比較高。相對地，如果家族成員有過度干涉或濫權的情況發生，那有名的「三明治效應」就會出現囉，如何做到事事盡如人意呢？如何才能不要得罪另一方呢？常常是「順了姑意，逆了嫂意」，很難兩邊討好，除非你能扮演一個雙面人。

如果你遇到的家族企業常常上演《後宮甄嬛傳》的姑嫂妯娌爭寵，「前朝真煩」的父執手足爭權，此時此刻，好好喝喝蠻牛吧，因為身體上的能量正一步一步消耗著！

老闆表面可做主、老闆娘私底下權大無限、第二代準備接班的情境：這樣的情境最複雜了，不知道是幸或不幸，還是讓我碰到了。常言，女人心海底針，恐怕還是最細的針，細如髮絲。讓總是不知道老闆娘在哪個時間點、哪件事情會冒出來干涉，一旦是遇上很無厘頭的干涉，就得發揮無限耐力傾聽，同時說服自己接受這是老

闆娘的事實，某種程度，認真不合理的，就適時並接受它也算是正向思考吧！無法從中作梗，就只好苦中作樂！

而接下來，如果第二代的兄與弟又是陰陽二極化的性格，充滿戲劇張力的職場人生高潮就此展開，此時刻，跟自己說聲：休息吧，別玩了！

其實台灣有滿高的比例是家族企業，相信大部分的企業老闆，隨著時代變遷與新一代接班人的傳承，對於人才的重視與管理，都會越來越專業，家族所帶來的負面影響也會日益減少，我們從中可以學習到許多折衝協調、說服溝通、被納入「自己人」的圈子裡的寶貴經驗，都是相當難得也難忘的，同時也要感恩給自己挫折與責罵的這些人，是他們讓我因此有了更多的成長與智慧！

Alice Huang

大學碩士都是人力資源專業，碩士在美國德州農工大攻讀。曾任職於服務業、製造業、科技業……。工作資歷超過十年，常常質疑人力資源在企業裡扮演的角色輕重，更是懷疑台灣多數人力資源主管都是酬庸位置。

‧台北大英國協教育資訊中心‧群創光電http://www.innolux.com/

 你的第一份工作對你後來求職的影響。其中與你所期待的職場生態最大的差異是什麼？

Ans:先談第一份工作，當時我在一家遊留學顧問公司，因為自己有國外留學的經驗，希望可以以自己的經驗跟年輕學子分享，那公司規模不大，但在業界名氣很大。這是我喜歡的產業，但是當中的人事問題卻是讓我無法接受。

老闆娘的個性不只是陰陽怪氣、鬼裡鬼氣，還是脾氣大，才氣小，但野心大，膽子小。老闆娘個性不僅膽小怕事，還小眼睛小鼻子，動不動就寄存證信函給曾和她互動過的客戶或是員工，曾經有位新員工在上了兩個禮拜的班後，就不告而別，僅僅寄了一封email辭職信來告知，氣得老闆娘寄存證信函給她，只因為對方沒把留下的枕頭棉被帶走；那公司午休有1.5小時，所以多數員工都自己備有棉被和枕頭，方便午睡。

最可怕的是她還歇斯底里、神經質外加被害妄想症，她可能以為她是第一夫人，每個人都覬覦她的位置與身份，所以只要是公司來了個頗具姿色的，她立刻會展現出「這裡是我當家」的老闆娘派頭。

當然，老闆娘除了性格上的缺點以外，做起事來的無厘頭、無理取鬧，簡直是讓人無法招架。老闆娘常叫我做的事就是催款，而且是還沒到期的款項，催客戶、催學校、早上催、下午催、假日催……，只有她可以欠錢，別人則必須在到期前先付清欠款，她自認這是賺錢的本事，熟不知這是普天下多數中小企業慣有招式，哪個公司不想收錢收的是現金票，開票開三個月的票。

還有，她的口頭禪就是：「你腦子不清楚啊。」只差沒說腦袋裝大便，這些都造就我現在臉皮稍微厚一些。臉皮從原本的水餃皮變成了披薩皮，這些也算是磨練，造就我後來在現在任職的公司，如果主管一樣有這類無理的要求，我也能以平常心去跟廠商殺價、催款。

如果說人妻最怕撞車、撞鬼、撞小三，那麼求職者最怕撞老鳥、撞老傻、撞老闆娘。在職場上要當個經理，可是要歷經千辛萬苦，熬過職場上的風霜雨雪，才能在寒地裡越冷越開花。而老闆娘卻只要嫁給老闆，不需要太多專業。就我的經驗來看，我條列了老闆娘慣有的問題如下：

第一，老闆娘都有或輕或重的健忘症。

常常上一秒交代事情，下一秒就跟你要答案，沒主動回報還會被罵。造就我現在效率高，做事情要排序輕重緩急，事情重點要用dot point呈現，報告事情不是三大點，就是四大條或是八小節。後遺症就是無法自然而然地說故事，只能像是盲人點讀，第一點、第二點、第三點……，一直點下去。

第二，老闆娘都很重視門面。

或許是因為當時她就是靠門面嫁給了老闆，所以光鮮亮麗、富麗堂皇是她所認為的專業表現。我們又不是酒店小姐，專業是靠門面這一項嗎？她規定女員工都要穿高跟鞋上班（要全包、不能露腳趾）、辦公室內不能穿勃肯拖鞋（可以穿矮跟、看起來高級的高跟鞋）。老闆娘說過人都只看外表，所以穿高檔的服飾可以武裝自己，讓別人看到，而先有了既定印象。那次的工作經驗造成我離開那公司後，到新單位第一天上班時，警衛看到我還對我點頭，以為我是國外客戶；而現在我任職的公司可以穿短褲、穿夾腳拖，我還蠻開心的。

總而言之，以前的小公司就像在當兵，傻傻的什麼都不懂，也無從比較，只好老闆交代什麼都去做。不過也很慶幸待了四年半，被虐待了四年半，雖然沒有從大頭兵

熬到士官長，但是也是累積了扎扎實實的真工夫。後來我想換到大公司看看，希望到有制度的地方（以前的隨便都叫彈性應變）。只能說事不如人願，即使到了大公司，我才發現只要是人聚集的地方，公司再大，人的心眼都是一樣小的。現在任職的公司雖然有制度，可是人都亂搞制度；不過好事是以前害怕做錯事被老闆娘罵，現在則是不嘗試做錯事，就不知道自己的能力在哪裡。大公司的好處就是「容錯率」高，畢竟幾萬個人，每天如果每人犯個小錯，全公司上上下下一天就有幾萬個小過錯，只要不至於影響到公司運作與績效，通常只是被高度關心一下。但是犯錯這件事如果放在我之前的那家小公司，因為公司就那幾個人，扣除掉那些擁有免死金牌的皇親國戚與國王人馬，就剩下我們這幾位每天穿高跟鞋的女員工，一旦犯錯，老闆娘是會先大罵一頓之後，還會在未來的日子裡常常拿出來警惕你一下。

Q 不公平不公義的事到處都有，你在職場上遇過（自己經歷或是親眼目賭）印象最深的是什麼？

Ans:我的第一份工作，老闆娘很挑剔，但也很會柿子挑軟的吃。別人穿及膝短褲上班沒事，我穿裙子長過膝，她把我叫進去辦公室罵。這不只是我個人的感覺，

還是真有實證，她真的很愛挑剔我的穿著，她曾因為我晚上要和她去扶輪社開說明會，一早來就開始挑剔我的穿著，叫我回家換衣服，你猜我那天總共跑回家幾次？不是回家一次喔，是「兩次」。害我一度以為她其實是要幫我安排相親晚餐，要不怎麼會這麼挑剔我的服裝，再說，那天我那三套都是灰色系的窄裙套裝，簡直像是三件新舊不一的制服而已，一般人還看不出差異呢。

我本來就常聽聞職場上不公平的事情，但是自己真正遇到時，加上遇到一位無法溝通的主管，不只是秀才遇到兵而已，還是地球人遇上了火星人。即使我離開那裡很久了，或許現在是局外人了，我還常常跟舊同事聯絡，並且請他們要常常分享老闆娘的笑話給我，讓我在苦悶的工作中有些樂趣。這種心態雖然不好，好像有點「把自己的快樂建築在別人的痛苦上」，但是，某種程度，我相信是經驗分享，也是一種資源回收再利用吧，一個人如果可以把自己過去的痛苦變成未來的笑話，也是不錯的構想。

Q 你見識過讓你欽佩的「職場達人」，他們有哪些過人的生存之道？

Ans: 職場達人跟白馬王子一樣，都是童話故事吧。我沒有見識過也沒有聽聞過職場達人，所以這部分我想以我的經驗和大家分享一下職場好人與職場壞人。

職場好人，典型是做事能力強，辦事效率快，邏輯推理棒，不僅是快狠準，還知道能屈能伸，該軟該硬，懂得適時擺出強硬姿態，像個角頭，也懂得適時say no，像個卒子。好人多數是「健康寶寶」，有肩膀還有膽子，該扛的時候扛，該擋的時候擋，不會把過錯推給其他人。而且好人會主動教新人做事方法，不僅僅是專業上的硬功夫，還有人情世故上的軟實力，包含如何對付老闆或是躲避小人，不知不覺中讓新人成為隱形幫手，有點像黑道大哥收服小弟的感覺，但是，好人是心裡潔白的黑道，只做好事與乾淨事。

至於職場壞人，禍害遺千年是真的，壞人都活得比較久。因為他們臉皮厚，你會懷疑他們是不是都有去豐頰，要不怎麼都能說謊不打草稿，還不跳針，也不臉紅。加上他們很會當雙面人，像個人唱「老揹少」的獨角戲，一下子裝菜鳥的笨，一下子耍老鳥的詐。厲害的壞人就是沒本事做事卻還能有本事讓自己一步一步往上爬，他們的第一步通常是向老闆靠攏，讓自己成為老闆

的「複製人」，投其所好，愛屋及烏，裝模作樣。

我第一份工作時遇到的壞人，都會在和老闆出差的時候，趁機打小報告，十足是個抓耙子，可惡的是，我們女老闆最喜歡聽八卦，久而久之就被壞人給牽著鼻子走，用人都聽從這壞人的意見，壞人當然不是傻子，他是說起話來七分真三分假，因為他心裡明白「整箱的假藥誰要買，總要有幾罐真的吧」，所以他也趁機大講特講他討厭人的壞話，最後真搞到那個人被老闆轟走。

據我所知，那個壞人現在已經順利當上經理，還擁有自己專屬的辦公室，活得很好。現世報是哪一報啊？是地方報還是全球報？為什麼這些壞人都沒有受到「惡人惡報」的懲罰，難道真的要等下輩子他重新投胎嗎？這些小人得勢，壞人得寵，還都沒有壞下場，讓人真不解氣。唯一的做法就是遠走高飛，遠離災區。

 你曾經在職場上因善於溝通而吃香或是拙於言詞而吃鱉的經驗。

Ans: 我想「反應慢，來不及接話」是讓我吃鱉的原因。

工作好幾年後真的覺得職場上要具備的溝通能力之一就是「快問快答」。過去因為來不及接話而被誤認為在想

理由的經驗讓我很受挫。我不是綜藝咖，很不會練笑話，更不會講瘋話，無法做效果性的即席搶答。

快問快答不只是跟專業有關，跟個性也很有關。我自知不是那種拜拜搶頭香，發言搶頭句的人，所以我都是事後再把流程回想一遍，仔細想想下次同樣的情形如果再發生，我要如何應付，甚至如何補救，或是想完後隔天再找對方談一下、再戰一場。

因果邏輯好的，剛好可以對付跳躍式思考者。以前我的老闆娘就屬於跳躍式思考型的，對上另一個主任（屬於一板一眼，重邏輯的），老闆娘的胡言亂語就完全討不到便宜，佔不了上風。

職場上睜眼說瞎話的人可真多，你如果跟他們認真，你就會懷疑自己不是提早失智就是有幻聽。最經典的是我遇過一個同事，她常常會把我說的話進行「重組」，例如我說：「經理下午要妳把上週的專案進度彙整給他。」下午一到，我去找她拿，她表示我跟她說的是：「你說經理要我下週把專案進度彙整給他。」她重組話也就算了，她還會加油添醋，外加蔥、蒜和辣椒。她說話之毒辣，真是印度鬼椒也出得了口。

有一次，她跑來胡言亂語，說我幹嘛亂約某主管，我當下沒有想起「是她自己」發號司令叫我做過這件事情，本來想說她只是碎嘴亂亂吠，也就沒當一回事。直到某

主管寫email給我，我才想起這事情的發生過程，我是受她指令被動打電話約會議的，絕對不是她定罪的「亂約主管」。這就是典型「反應慢」又「把完成的小事忘了」會吃的虧，這次就是因為自己具備以上兩個特質，所以才無法即時回她的話，堵她個啞口無言；我簡直是白白錯失了還擊她的機會。

我記得職場上的第一份工作學到的經驗，每天就是將老闆的話一字一句記在本子裡，熟悉老闆的語言邏輯與表達方式，加強自己與他溝通時的思考能力，以便未來可以為自己的立場辯護。在第一份工作時，老闆發給每位員工一本本子，將每天做的事情記錄下來，我在現在任職的公司還是持續著這種「把老闆的話記下來」的習慣，不同的是我已經練就了更好的能力，只需要記下大綱與重點，不需要像第一份工作時那樣鉅細靡遺、一字不漏地記錄下來。

我想，把對方說話的語言邏輯和表達方式摸熟了，就像是摸清他的思路，你就可以在防守時「有跡可循，兵來將擋」，在進攻時「以其人之道還治其人之身」。職場溝通上，要做到「進可攻，退可守」是要付出代價的。一本筆記本跟一隻原子筆的花費並不多，有時候讓自己當個小書記也不錯，好好給得罪你的那些人記上一筆，或許未來還有機會可討回。

Q

當你遇上難以溝通時，你的第一反應、後續做法與終極手段各是什麼？

Ans: 當面對難以溝通的狀況時，我的第一反應就是停止發言，就是很直覺的本能反應，然後仔細聽對方邏輯有哪邊錯誤，過去我最怕「先聲奪人」的人，因為他們總是先一副理直氣壯的樣子，後來我發現越是理虧的人越會以「聲音」嚇人。

先是觀察對方的言行，然後適時地當個應聲蟲或是回音谷，不要正面回答他的話，以免在情急之下落人話柄，當個回音谷就是，如果對方說：「你昨天有沒有約副總經理今天要討論預算？」你就說「昨天要約副總經理今天討論預算嗎？」先讓對方鬼打牆一下，因為這就像是消波堤，可以減緩要發生的驚濤駭浪，有時候對方只是一時情緒，用情緒對付情緒是最不智的做法。

但是如果他講到我也不認同的，或者是跟我不相干的，我會跟他一起罵。罵人是一種藝術，最近我學會跟我的直屬上司一起罵一些我們無能為力，但是又很不服氣的事情，既然都無能為力了，就別費力氣想要力挽狂瀾，那就關起門來罵一罵，叫一叫，發發脾氣，出出鳥氣也就夠了。

我記得有一次，有一回我負責的課程結束後，我特地去請學員做課程後測驗，因為要通過測驗才算是真正完成

學習，哪知道所有學員都對我發脾氣，我當然知道學習是痛苦的，考試更是悲苦的，但這是公司的規定，我只是一個執行者，或是傳聲筒，我當下知道這群學員就是「無力對抗公司制度」，所以拿我開刀與出氣，知道了因果，就知道該如何應付。我當下二話不說，大氣不喘，就著學員一起罵公司制度，反正吵吵鬧鬧只是過程，我要的是結果。總之，大家後來還是要認清一個事實，我跟他們每一個人都一樣，只是領人家死薪水，給人家打工的。

很多事情不能求個圓滿落幕，因為這世界上人格上有殘缺的人太多，再說，也沒有完人，所以不要水中撈月、海底撈針，去求一個不可求的境界。工作多年後，我學會了很多事情就像是吃飯喝水，不要太會計較吃好吃不好，還不是今天吃明天拉。事情只要能落幕就該好好謝幕，不要自己找麻煩。

 請分享一下你個人職場上生存的經驗談，隨談，亂談，有的沒的都可以談。

Ans:要在職場上活得「親像一尾活龍」就要當個接話大王，最好是什麼死人話都可以接的漂亮，那才叫做厲害。不要以為亂接話只有周星馳電影才需要，既然他的

電影這麼賣座，你就可以想像有多少人買他鬼話的帳。

雖然我常常鼓勵人要當個接話大王，做到「把死的說成活的」與「見人說人話，賤人說賤話」的地步，但是我個人就是沒辦法，因為我總是怕會傷到人，我很怕逞一時口舌之快，傷人千年之久，所以我必須要聽對方講多一點話，判斷他的個性可以承受到什麼程度，我才會回話。雖然很多人認為說話就是要搶開場，插花插最前，但是我是屬於「好好想，慢慢說」的事後補救型的。我知道很多時候當我要好好想時，對方可能已經是不耐煩又多罵了好幾句，但是，我會依照自己的速度，盡量淡定地不受影響。

每個人說話的速度有差異，有些人是法拉利，0－100公里/小時加速不需要10秒，口若懸河，還是黃河滔滔不絕以外還混淆不清。有些人是摩托車，轉彎還需要待轉，說話常常拐彎抹角，常常是一分鐘吐不出幾句話。這裡不是真要比較什麼好壞，只是說明差異，每個人都要知道自己是什麼人開什麼車，不要硬要跟人家尬車，拼輸贏。

Jennifer H

留學英國卡文垂大學，大學修的是大眾傳播，曾負責世界神算金頭腦心算科學的海外推廣業務，「對人」細膩又細心。之後擔任過的工作都跟「處理人」很有關係。因為對人的高度敏感，有幸進入某零售服務業集團服務，一路從基層升到核心，打理人事問題有一手，更是老闆最依賴的左右手。

・金頭腦心算科學網址：http://www.itb.url.tw/iima/

 你的第一份工作對你後來求職的影響。其中與你所期待的職場生態最大的差異是什麼？

Ans:我在英國取得專業攝影師的證書，所以回台第一份應徵的工作是模特兒經紀公司攝影師，同時期我也應徵了南部某知名日系百貨公司的行銷工作，兩份工作我都獲得錄取，攝影師月薪是20K，而行銷課長月薪是43K，但我滿懷理想，選擇了攝影師的工作，一入行之後才知道台灣對於攝影的領域一知半解，攝影師的程度也參差不齊，難怪會不被尊重，我花了好幾年的時間學攝影，但台灣的市場讓我僅僅投入一年半就決定退出不想浪費時間。雖然攝影現在還是我的一大興趣，但我不會再拿它來當飯吃了。

為了取景，攝影工作常常必須要爬高或蹲低，甚至俯趴地上，於是我為了方便行動總是穿得很休閒，T恤加上

牛仔褲，相較於其他同事（模特兒經紀人）的濃妝豔抹和時尚流行服飾，我顯得樸實很多，在某次的機會，得知老闆總在經紀人間戲稱我為村姑，我當然不服氣又受傷。自那次起，我開始將我休假時候才會做的打扮、穿的衣服穿去上班，雖然常覺得行動不那麼方便，但是老闆自此沒再叫過我村姑，反而改稱我是他重金禮聘從國外請回來的專業攝影師，老實說，我當時覺得老闆的行為真是草包一個，但也讓我見識到在職場上外表原來是這麼重要，這對我之後在職場上的打扮有很大的影響。

Q 不公平不公義的事到處都有，你在職場上遇過（自己經歷或是親眼目睹）印象最深的是什麼？

Ans:老闆的兒子已經擔任總經理一要職，開始著手管理公司，但是資金還是掌控在老闆和老闆娘身上。第二代對錢沒什麼概念，天馬行空想到一個創意，不管投資報酬率，不管市場接受度，想到就非做不可，奇妙的是，老闆娘在兒子面前表示支持之意，但私下卻逼著底下的人想辦法解決，並且明講公司是不會為這個專案付出一毛錢的，可想而知底下的人有多為難，常常夾在第一代和第二代之間，我們公司的前任行政部經理就是這個體制下的犧牲品，總經理逼著這名前行政部經理，要

他在最快的時間內購入某個專案要用的設備，該名前經理秉持著使命必達的精神達成任務，卻惹毛了不願意付錢的老闆娘，進而不知怎麼演變的，連總經理都將最後結果不符合預期也怪罪到該名前經理的身上，總經理堅持要將該名前經理解僱，幸好是另一名老臣說動老闆娘讓該名前經理轉調到分店去，才讓這事件告一段落。

Q 你見識過讓你欽佩的「職場達人」，他們有哪些過人的生存之道？

Ans:職場競爭就是你死我活，要誰敬佩誰為達人，似乎就是要把自己擺低，把對方抬高，我想很少人願意去敬佩別人吧。但是我是有欽佩的達人，一時很難清楚地整理出他過人的生存之道，以下整理我姊姊對職場達人的說法與看法，而我也很認同這種達人的態度。

姊姊是律師，她說爸爸和她的兩位前老闆都是她欽佩的職場達人，有次她問他們：「律師的角色應該是什麼？」，爸爸回答說：「是當事人的法律老師，要教導當事人法律常識，進而協助他們解決問題。」然而她的前老闆對同一個問題的回答是：「律師是當事人的保鑣，要保護當事人。」另一名前老闆則說：「律師是服務業，最重要的是使命必達。」

這些話影響姊姊甚遠，她會說她努力學習讓自己兼備以上三種角色，上法庭時，她要保護當事人，分析案情時，她是當事人的法律老師，出了法庭之外，當事人是她的客人，她要提供能令客戶們滿意的服務。

能把自己的專業發揮到淋漓盡致，對客戶的生命財產的看重猶如對待自己的，這樣去贏得信任與尊敬，就是達人。

Q 你有曾經在職場上因善於溝通而吃香或是拙於言詞而吃鱉的經驗嗎？

Ans:老闆娘常常在電話中把人罵得跟豬頭一樣，我被她罵過一次之後，找到了一個跟她溝通的模式，自此之後，就很少白挨她的罵了，我想應該不是我擅於溝通，而是我知道她希望聽到什麼答案，加上她對我有某程度的信任，她相信我說的是真心誠意。

舉例來說，老闆娘質問我某件事為何不按照SOP時，即便我有千百萬個理由，或甚至是一場誤會，我永遠不多做解釋，我會很誠懇地說：「這件事我處理得不夠細膩。」（不夠細膩不代表我做錯，但在老闆娘耳裡聽起來是我同意她的看法，同意她不是無理取鬧），我會直接切入重點，清楚提出我的解決方案，並態度和緩地

「請教」她這樣做是否正確，我通常會以「我會持續追蹤進度並向您回報，務必讓事情在某某時間點完成」做為結語。

上述的說法是因為我知道老闆娘會滿意這樣的說詞，但要能達到次次見效，最重要的還是務必遵守說到做到，給出的承諾就要辦到。

 當你遇上難以溝通時，你的第一反應、後續做法與終極手段各是什麼？

Ans:我不知道如何區分我的第一反應、後續做法與終極手段，要看發生什麼事，不過最近沒什麼難以溝通的事發生，所以我只能概略地說，我的做法是讓自己握有主導地位，創造對自己有利的環境。

我始終謹記「多少權力就有多少分貝」，有時晉升也是一個讓自己擁有主導地位的方式，組長說話一定和跟經理說話的效果不同。這是事實，你會常常看到一個會議裡的「大聲公」都是位居高位的掌權者，職場上的食物鏈是很現實與可怕的，一個部門會議裡，部門主管對自己的下屬叫囂怒罵，但是一個跨部門會議裡，那位關起門來高分貝低情商罵自己下屬的主管卻是輕聲細語，好言好語。這種主管最不得人心，若只是會討好敵人而討

厭親人就等於惹來親痛仇快，很難會有好下場的。

Q 請分享一下你個人職場上生存的經驗談，隨談，亂談，有的沒的都可以談。

Ans:我的部門有位助理，我從帶她的過程中領略到一些事，提供給社會新鮮人參考：

不是每一份工作都要要求100分。我有次請助理妹妹做一個圖表，讓我方便與主管討論架構，她很認真地搞到下班了還未能交差，連帶其他事也放著沒做，原來她不只加了花邊上了顏色，還一個個做聯結，我問她既然知道我是以書面型式報告主管，為何還花時間做聯結，她說希望能做到完美，自此我每交辦一件事，我會主動詢問她需要多久的時間，藉以衡量她是否能妥善安排手上的所有工作（輕重緩急）以及做這些事的效率。

永遠不要忘記職場倫理

我有份文件要送主管辦公室，助理小妹也剛好要將便當暫時冰在主管辦公室旁的茶水間冰箱內，於是她在我起身要送文件過去時叫住我，請我幫她順道把便當拿去冰箱冰……。另外還有一次，她到了倉庫之後才發現忘了帶門卡，於是她撥電話請我幫她送門卡過去，幾次類似

的狀況發生後，我認真地告訴她，如果我是她，我的做法會是由我幫主管跑腿送文件，而不是主管幫我跑腿冰便當，會是我自己跑回來辦公室拿門卡，不是要我的主管幫我跑腿送門卡過去，永遠不要忘記，應該是部屬要分擔主管的工作，而不是由主管來分擔部屬的工作，不貼心的部屬是不可能會贏得主管歡心，而有甜頭時，主管也不會想到要給不貼心的部屬。

Rhe Ma

國立政治大學心研所工商組畢，曾服務於國泰人壽保險業、全球第一大半導體製造業服務，現任職於面板相關產業。Rhe Ma經手過各式各樣的大型活動與課程，腦袋清楚、思路嚴謹、心態正確。除了使命必達的高忠誠還是有問必答的高負責。出社會的第一份工作在半導體業服務，遇到被謔稱為「撥撥鼠」的雙妹，撥撥鼠的本事就是把工作都撥開，因為這個經歷，她贏得了很多非她領域的學習機會，所以後來轉職時履歷上的資歷讓人驚艷。

 你的第一份工作對你後來求職的影響。其中與你所期待的職場生態最大的差異是什麼？

Ans: 我的工作經驗有點吻合廣告詞「我是當了爸爸之後，才知道如何當爸爸。」真的是要有了工作經驗之後，才能藉由工作經驗中去思考什麼才是自己要追求的，什麼樣的工作條件才是我下一份工作中最應該被考量的，也因此，在找第二份工作時，在面試時會更懂得去問一些問題來判斷，是否會讓自己遭遇與前公司一樣的情況。也更能辨別面試官的「話術」，經驗老道的人，不需要銀針就可以一眼識破裹著糖衣的毒藥，雖然我還沒達到那境界，但是不忘以此勉勵自己，要學會「識人」還要會「識破人」。

未進入職場前，以為職場跟學校一樣講求團隊合作，但現實是，有績效的工作同事才願意做，或是要押著老闆的名字來請同事協助；第二份工作的同事，外表上看起來很團結，但我認為團結過了頭，很多事，都要一群人一起做，例如：測試連線問題……等，其實只要單槍匹馬的，他們都要出一大隊人馬，很多人一同進行，反而浪費大家的時間。

學校內也不太常看到老屁股的人，正確地說，學弟妹會尊敬學長姐的經驗和知識。但這是有很明顯的年齡之分；在職場上，年資淺的人不代表比你年輕，但會碰到一些比你年輕做事輕浮卻還要命令你的人，重點是方法也不見得比較好，這是另一衝擊。

Q 不公平不公義的事到處都有，你在職場上遇過（自己經歷或是親眼目睹）印象最深的是什麼？

Ans：我看到的職場達人是求自己發達的人，是圖自己利益的人，或許不是一般人定義的正面人物，而是負面教材。這些求自己發達的達人通常是不會經手困難度高但功勞低的工作，他們的眼裡就是「功勞第一」，永遠計算著投資報酬率，準備為自己爭功，對於只有苦勞的工作能推就推，能閃就閃。有時候自己撿了一些輕鬆的

工作卻還在哀哀叫，彷彿要讓全世界的人都知道他自己有多犧牲，心不甘情不願地接下新的工作，企圖博取同情，因為他公開地哀號，也就成功地製造了他工作滿檔的假象，讓自己看起來很忙碌。

或許看小人得勢後得意的表情，讓我覺得工作真的沒必要有太偉大的情操，不需要「我不入地獄，誰入地獄」。能得意快活一天是一天，只要做好自己份內的事，行有餘力，才需要去多扛一些有未來性的工作。

Q 當你遇上難以溝通時，你的第一反應、後續做法與終極手段各是什麼？

Ans:多半我是選擇沉默，不再開口，用臉部表情傳達我的無奈和不滿。但是，我也不是戲劇科的，臉部表情沒有那麼足，我只能期待對方會注意到我已經「變臉」了。

如果對方情緒很大，波及到我，搞得我也有了情緒，我會等到自己的情緒沒了之後，再好好思考如何去應付或反擊。如果是可以「有效溝通的」，我就會找時間去跟對方再溝通，但是如果是「溝通無門」的，我也會找時機拿這件事出來碎嘴，一定要讓對方知道他侵犯別人的情緒，雖然事情一樣得做，但抱怨過後心中相對會比較

輕鬆。適時地發發牢騷才不會把自己悶成一個騷包。情緒要有出口，才能出清負面情緒。

請分享一下你個人職場上生存的經驗談，隨談，亂談，有的沒的都可以談。

Ans:不要相信一開始面談的工作內容。

縱使在面試時已談好條件說好工作內容是做什麼，但入職後還是有可能有變數，就我的經驗來看，只是時間長短而已！然而當時擔任面試官的主管對自己此一時彼一時的態度好像毫無知覺，還刻意讓你慢慢瞭解到這就是真正的職場生態。因此，建議在面試時就問清楚整個部門的業務，做好徹底的心理準備。這就是諜對諜的難題了，因為面試官為了順利把你招進公司，會使出各類渾身解數，他會拿捏好什麼該說，什麼不該說，什麼又該怎麼說。

職場上也蠻多人不願意承認自己能力差，愛裝笨的人也不少。舉例：文件5S其實還蠻有用的，的確能節省不少大家找資料的時間，但是當一個好方法提出來後，大家卻不願意改變自己的習慣，去做整理，而是咒罵增加了「新任務」。

MBA智庫中定義5S為「5S現場管理法」，最初是在日

本推廣，1955提出「安全始於整理」，後來延伸出五個以整理與整頓為核心的工作方式。對企業而言，可以塑造優良企業形象、降低成本、準時交貨、安全生產……。對個人而言，可以精簡工作流程、提供工作效率……。我只要看到別人花大把與大把的時間在找資料，就覺得真是浪費自己的生命與公司的時間。

有時候我會納悶，為什麼智慧型手機只要有新的app，大家都會立即下載馬上使用，例如：whoscall一出來，所有同事都開始使用，但是面對在工作上導入5S卻是興趣缺缺，怨聲連連。為什麼很多人都樂意為自己手機應用能力精進，而不是職場競爭力呢？這些人，對手機追求「日新月異」，對工作卻是「過一天算一天」，真是值得小白領引以為鑑。

日文5S	英文5S	中文五常
整理（せいり、Seiri）	Structurise	常組織
整頓（せいとん、Seiton）	Systematise	常整頓
清掃（せいそ、Seiso）	Sanitise	常清潔
清潔（せいけつ、Seiketsu）	Standardise	常規範
躾（しつけ、Shitsuke）	Self-discipline	常自律

附 錄

求職必勝懶人包

A Face-off
for Your
Career

必勝懶人包，多看多學求職不出包。

小白領不需要名牌包，需要求職必勝懶人包。

求職大包、小包、公事包、雜物包打開這一包：

履歷不出包，面試更出色。

任職不出錯，離職不出惡言。

轉職更有出路！

求職必勝懶人包

寫履歷是哪一門學科？

根據調查，一份履歷能不能獲得面試機會，決定在「關鍵的七秒」。一般人可以在七秒讀多少字？以一秒四～五字而言，大約在二十八～三十五字數。所以哪些字句是你希望求職公司最先讀到就是一份好履歷的開始。

◎ 如何利用七秒做好履歷溝通？

運氣或許有點影響，但是最主要的還是如何寫履歷，如何有效地做到你要最快傳達的訊息。

履歷不外乎就是個人教育背景、工作資歷、證照證書文憑、特殊經歷與自傳。「戲法人人會變，各有巧妙不同」，就像是番茄炒蛋這道最家常與簡單的菜，看似人人會做，但是真正能做得好吃的真沒幾個。所以你要在這種「條件差不多」但是「做法不同」的基礎下把自己的優勢先快快寫，劣勢再慢慢補。

仔細想想，如果你都不能為自己說好話，誰能幫你？談到說好話這議題，當然還必須要說實話的好話，換句話說，就是避開自己的缺點說話。這就是求職溝通術的一大原則。

◉ 求職是一連串溝通

　　填寫履歷、寄送履歷絕對不是單純的「書信處理」工作，這當中的每個措辭，每個用語，都是溝通，一字一句都是成就你找到工作的一大步。先說寫履歷，這行為該被定位在哪門學問，是文學？行銷學？心理學？社會學？

　　很多人把寫履歷當作寫作文，如果履歷真的該被歸類為「文學」，難道作文能力不佳的人，就無法寫好履歷？如果你的本科是文學，那麼寫履歷就應該是文學；但是如果你的專長是行銷，理所當然你的履歷就是行銷工具；所以，要以自己的背景當作寫履歷的根據，換句話說，理工科系出身的，寫起履歷就應該是條理清楚，邏輯分明，而商科畢業的，寫起來就是觸角多元，掌握時事。這種既定印象真實性高嗎？不管高或低，只要人們會這麼想我們就必須做到最基本的「符合期待」，換句話說，學有專精也不是過分的要求，試想，要一位外語系畢業的學生會英文聽說讀寫也只是「基本要求」而已。

　　有位從小在澳洲長大的女孩，碩士畢業後決定回台灣發展，當時她在寫履歷時，在「專長」那一欄填入：網球、唱歌。我笑她是個外國人，所以不知道如何用中文呈現專長。專長是固定的嗎？當然不是，要依照你所要投遞的職位做出調整，但前提是不可作假。例如，我今天要應徵「活動企劃」，企劃……專長就可能包括資源整合能力、甚至主持能力。但是，當我要應徵「文案企劃」的工作時，我還是要保留住企劃該有的專長，但是必須加入文案該有的專長，例如：各類型文案構成，包含企業公文………。

◉ 時間壓力是找工作的第一殺手！

除了贏得面試的履歷七秒鐘，你慢慢會知道，找工作就是會面臨到一連串的時間壓力考驗。畢業前，你看到或聽到誰誰誰或某某某已經找到工作了，同儕壓力就來了，你就覺得自己應該快快找到第一份工作。然而，人生不如意的事情十之八九，而幸運的一跟二已經被別人拿走，你只好抱著頭發愁。

當你順利完成履歷並且得到面試機會，實際面試時，時間更是壓力。別說菜鳥腸子緊、心臟弱、膽子小，即使許多在社會上打滾過的，面對特殊的面試時，還是會面無血色，面有難色。

面試有大補帖嗎？有考前大猜題嗎？有考古題嗎？廣義而言，是有的。例如你要應徵百大企業，你只要上網去搜尋一下，如何面試、如何應付考試……什麼都有。

七秒的自我介紹多半是還沒開口時的個人形象傳達。本書統稱這七秒為ABC法則——

Appearance：外表，第一眼就是外表，整齊、清潔、俐落是最佳外表，不是華服、名牌包或是鑽錶。

Be yourself：第二就是你個人，所以好好的當自己的最佳代言人，因為對方會粗略地歸類你是哪一種應徵者，好好當自己就好。

Confidence：第三個就是從第二項延伸出來的態度，對自己的專業認同與肯定的態度。所以包裝外表、表現自己、肯定自己，就是ABC法則的最高執行原則。

❻ 讓履歷更有力

簡單定義，意思就是以自己的優點為出發點，再去延伸出一份兼具「專業長才」與「優良品格」的履歷。專業以外，很多企業覺得專業養成只要假以時日便能逐步養成，專業養成只要按部就班循規蹈矩就能疊床架高，但是品格與人格特質才是決定一個人在職場的位置。

所以，話說回來，如果你學的是企業管理，維基百科定義的「管理」是：一連串的行為，目的在於整合人與資源用以創造最大的價值。所以，學企業管理的最基本功就是要會「資源計畫與規劃」與「資源整合與利用」，套用到寫履歷這功夫上，就是要能認清自己的資源，可能包含：學歷、經驗、關係，甚至外表；並且將自己的資源做有效的規劃：將個人經驗與求職的位置做關係連結。

至於如何做關係連結。舉個實例，過去我朋友某J一直想要當電台DJ。應徵DJ說難很難，說不難不難。試問口條、口音、口氣、口才是靠口吃飯的DJ必要條件嗎？多少是口齒不清與語焉不詳，但笑話連連的主持人？聽眾愛的是特色。說不難，大傳系與新聞系算是名正言順的容易些，但是，又不是絕對。說難，當自己是師出無門時呢？就像某J自覺無門無路，無管無道。當她聊到DJ夢時，我隨口問：「妳為什麼那麼想當DJ？」她只回說：「就很有興趣，一直很有興趣。」

興趣能當飯吃嗎？其實關鍵字是「一直」。興趣不會是一時興起的，所謂的興趣，就是某人在某事上有一定時間的接觸與感

受。但是她沒有半點電台DJ的「工作經驗」，那麼，她是在什麼場合接觸過這「活動」？學校社團？公益團體？或其他？因為她年紀輕，所以我推斷是學校社團。一問才知道她從高中到大學都是參與這類社團，大小型活動更是主持過不少。

所以我建議她把「社團經驗」與「要求職的項目」做「專業連結」。加上台灣大大小小電台很多，如果不要扛著「良禽擇木而棲」的功名匾額非要大公司不可，其實，機會還真的不少。

機會其實是溝通出來的。這就是一個實例。

英文履歷參考網站：

http://how-to-write-a-resume.org/

http://www.kent.ac.uk/careers/cv.htm

http://rockportinstitute.com/resumes/

http://www.gcflearnfree.org/resumewriting

http://www.bbc.com/news/business-15573447

http://www.amazingresumecreator.com/?hop=jimkarter

http://www.resume-help.org/free_resume_examples.htm

http://jobsearch.about.com/od/resumewriting/qt/writeresume.htm

http://www.wisconsinjobcenter.org/publications/9433/9433examples.htm

http://career-advice.monster.com/resumes-cover-letters/resume-samples/jobs.aspx

別讓你的履歷有污點

阿美從學校畢業後三年，期間換了五個工作。每一個工作離開的理由都差不多，就是「人事問題、與理想不符合」這兩條。

其實阿美是個很容易交朋友的人，第一，她不怕生，第二，她什麼話題都可以聊，雖不浮誇到像個綜藝人物，能從外太空聊到內子宮，從月球談到月經，但是，她是聊起天來葷素不拘、禮節不忌、男女不分。

她自己都很納悶，每到一家公司都是認識了一群新朋友，但是，就是無法贏得上司的認同。久而久之，人云亦云，積非成是，她竟然像是智商70的弱智還患了「職場認知腦癌」，認為上司都是嫉妒她，她開始有了「人不招忌是庸才」的自憐自艾。

當然，現實上腦癌不是無腦或是腦殘才會得，就像是乳癌也不是D罩杯以上才有。

阿美不知不覺中在自掘墳墓，還不自知。

過了那「先有工作再換工作做，辭了工作再找工作」的新的不去舊的不來的三年，她的求職路從高速公路轉到鄉間小路，還是從雙向道轉入死胡同。因為畢業三年之後如果沒有一個工作是服務超過一年的，這種履歷，在台灣這種相對封閉的社會裡，多少會被貼上「穩定性不夠、抗壓性不足、耐操性不行」。

阿美最大的問題就是她沒有認清職場跟學校是完全不一樣的團體。她總是一副與人為善、助人為樂、成人之美地廣結善緣到處交朋友。她忘記這群朋友跟她之間有著一條隱形的線，叫做利益。職場上就是利益鬥爭與分配的戰場。就像是恐龍時期一群恐

龍衝出去搶食物一般，只是人類進步到男生穿西裝打領帶，女生穿窄裙蹬高跟鞋，結果還是一樣，就是衝出去搶食物。目的都是一樣的，活下去。

阿美把大家當知己，大家把她當異己。阿美也很納悶，明明是大家在茶水間咒罵公司、幹譙主管時，誰不是你一言我一語，牢騷滿腹，大家都說早就想走了、沒差這份工作、工作到處都是、前幾天才有朋友要介紹我比這裡多一萬元的工作⋯⋯，大家都是一副「別拉我的手、別抱我的腿」老子或老娘這次是走定了的態勢，只差沒殺雞頭起誓。

但是直到阿美真正遞出辭職信，大家都還是在那搧風點火，說著「我也快了，記得出去後要多聯絡，以後靠妳囉⋯⋯⋯⋯。」結果最後，只有阿美一個人流浪在不同產業與公司間。

如果阿美有幸遇到一位真心要開導她職場生存的前輩，好好陪她走過從「校園學生轉職場求生」的撞牆期與黑暗期，她就能盡早體悟到職場求生的眉角，學習如何有效地累積工作經驗，她也就不會一直在「工作不滿一年」這門課題上被死當。

⑯ 讓優點顯性，讓缺點隱性

「自說自話」是寫好履歷的關鍵之一。

但是，自說自話前要有自知之明。不能明明英文檢定或是多益考試是中下水平，還要硬說自己外語能力不錯。並且，這類英文是有「公評機制」的，不能全然自說自話。所以如何有技巧地自說自話就是關鍵。

如果英文不好，英文總不會「聽、說、讀、寫」四項真的無一可取吧，如果多益考試「聽」跟「讀」總成績是500多，這總分很一般的水平，但是如果單「聽」的部分是400多，那麼就可以單獨標榜這部分，畢竟「聽」可以拿400多是很不錯的成績，因為如果「讀」的部分不是低於普通水平，那總分也該有個800以上。

話說回來，如果「聽、讀」各別都200多，那麼就要避免提這「英文考試」這項目。但這不表示你就沒資格提外語能力，只是你不該提考試成績。這時，如果你曾經用自己的「單字英文」出國打工過，或是自助旅行過，你就可以用「人格特質」優勢來凸顯自己的英文能力。那麼你強調的就不單只是語文能力，而是綜合的外國生活經驗。

▶ 腦筋急轉彎，說話不要太直，要轉彎

做人做事如果太死腦筋，就會進入死胡同，越鑽只是越偏頭痛。所以要「活化」自己的思考，多多轉彎與繞彎，右邊想不通，就逆向思考想左邊。任何說話與溝通時機都不要太直接。光是說話，就可以用很多角度自說自話。

- ♣ 如果你是說話反應慢半拍的人，就要定義自己是三思而後言。
- ♣ 如果你是講話很急的人，又一時改不過，就要定義自己是十倍速時代，講求效率的人。
- ♣ 如果你是言之無物的人，當然長久解決之計是充實內涵，但是那不是一朝半日可完成，你就要定義自己是「起而行多過坐而言」的行動派。
- ♣ 如果你是曲高和寡的學術派，說話總是脫不了「子曰孟云」之乎者也，你要強調自己是個重視倫理與尊師重道的後進。

　　記得，說話太直接就是進死胡同，說話要會見機行事，要會轉彎，繞個九彎十八拐，總是能走出一片柳暗花明。

完美履歷？完整履歷！

這世界沒有完美履歷的存在，因為沒有人是完美的。加上，你也不需要一份完美的履歷，因為你不是要競逐「民選總統」這種四年一次的大位，所以既然要應徵的不是高官大位，一份完整完善的履歷就能讓你勝出。

雖然沒有完美的履歷，卻有完整完善的履歷。這裡將RESUME履歷這字做分解動作，各自做出更有力的解讀，提醒職場菜鳥在撰寫履歷時能更精準地「自我溝通」。

◑ 履歷五要點

1. Resume is about the future; not the past.

履歷的重點是你的前景，不是你的過往。

2. It is not a confessional. Don't have to tell all. Stick to what's relevant and marketable.

履歷是自我介紹不是自我懺悔，所以多提自己的建設而不是破壞。

3. Don't write a list of job descriptions. Write achievements!

多寫名詞而不是形容詞，例如：負責某專案，而不是形容自己很專業。

4. Promote only skills you enjoy using. Never write about things you don't want to repeat.

如果有些專長你不想老是老狗玩老把戲，就不要列在履歷

中，免得老是在重複舊經驗，而沒有新學習。

5. Be honest. You can be creative, but don't lie.

要誠實，可以有天馬行空的創意，但不可以天花亂墜地臭屁。

RESUME：「履歷更夠力」法則

RESUME		
R	Resource 資源	檢視自己身邊的資源，求職網路或人際網路，無論軟體硬體資源都不要放過。
E	Experience 經驗	仔細回顧從小到大的各類工作經驗，舉凡：打工經驗、社團經驗、志工義工經驗……，無論是全職或兼職，無薪或有錢，只要是經驗都是值得參考的好經驗。
S	Survey 市調	像是所有新產品問世，社會新鮮人也該做做市場調查。多參考相關職位需要的專長與應徵條件；多問問同科系親朋好友學長姊，甚至左鄰右舍，能多問就多問，好瞭解自己該如何寫出一份你屬意的而公司也會青睞的履歷。
U	Unique 獨特	經過上一個「市調分析」後，你需要找出自己的強項，並且針對你要投遞履歷的工作做「價值最大化」的呈現，並且透過對自己有利的說法好好推薦自己。
M	Motivation 動機	公司經常會問應徵者：「眾多應徵者當中，你覺得為什麼你會被錄取？」這時候把自己的專長、興趣、人格特質與該企業經營理念、企業沿革與發展藍圖做連結，找出除了「錢多、事少、離家近的」的優質動機。例如：符合個人職涯發展。
E	Education 學歷	教育背景當然值得你好好著墨，不只是條列式的從小學排到大學，而是更有意義地帶入你在哪一個學習時期的自我挑戰與突破。例如：所學是商科，但是為了左右腦發展，好好平衡「商人的腦袋與文人的胸襟」，你特別參加了詩文研究社團。

🔟 誠實不是面試的最上策

誠實當然可貴，但是太過誠實就是可悲。什麼叫做太過誠實？

南部某日商要徵聘一位日文秘書，因這企業向來以待遇優渥聞名於台南科學園區，所謂二桃殺三士，一個職位淘汰五十幾位應徵者，最後一關五選一時，幾乎是要勝出的那位準錄取者竟然敗在一題常見的面試提問：「你五年後的人生計畫是什麼？」

這老兄竟然老老實實，一五一十地說：「我計畫五年後自己開店，我也想好了要開一家主題咖啡店，所以這五年間我要好好累積財富。」

說實在的，語言秘書能在同一職位做三年已經是很了不起，更別說五年，他如果可以在那公司好好服務五年，也是各取所需而已，但是這種回答是不會贏得「誠實」的美譽的，他因為這樣的回答會被視為「穩定性不夠」，而敗下陣來。

再說，五年後誰知道景氣如何、經濟又如何。敗在一個「誰都不知道會如何的未來」，就是太過誠實才會栽筋斗。

面試時要做好行前功課，要兼顧「表面功夫與裡面功夫」，有就業網站統計出，現在面試官對面試者的提問多半是跟專業無關，換句話說，就是多以個人生活、興趣、偏好甚至心理活動有關。

INTERVIEW：「面試更有面子」法則

RESUME		
I	Image 形象	第一印象常常是決定一個人形象的關鍵。展現自己的專業形象不只是在面試題庫中下功夫，服裝儀容與談吐語調都是第一印象的加分題。
N	Nod 點頭	當對方發言時，不適合插話或是打斷時，適時地以點頭表示你的專注與認同，但是切記不要點頭在不對的節拍上。
T	Talk 對話	說話時，要輕鬆，但是不要太輕率。可以自然，但是不要毫無忌憚的自由。要拿捏好界線與底線。
E	Energy 能量	求職不是求婚，不需要展現自己的真性格，如果是內向的人也要做好「外包裝」，展現朝氣，展現活力。
R	Reaction 反應	多數的面試題庫都可以在網路上找到參考答案，但是如果遇到「意外題」，要沉著面對，反應可以慢，但是不可以亂。
V	Voice 聲調	說話除了內容以外還要注意聲調，機關槍的聲調讓人覺得不夠穩重，娃娃音又讓人覺得不成熟，平穩而不快不慢的語調最容易獲得好感。
I	Impact 效果	要想辦法在面試中留下「效果」與「影響力」。不需要多巨大的影響力，效果也不需要做過頭，只要是符合那個職位的期待就好。
E	Example 舉例	舉一反三的應變能力通常很受面試官青睞，所以可以多閱讀與收集幾個例子，尤其是成功者的例子，當自己沒有親身實例時，還可以引經據典地拾人牙慧。
W	Wisdom 智慧	所有的萬全準備都可能百密一疏，如果該準備的都準備了，那就放心與放輕鬆應戰吧。錄取不錄取都需要智慧面對，錄取值得慶幸，但是即使一次的挫敗要從中學習經驗，這就能累積面試的智慧，下次更加順利。

面試的面面觀

阿紫是某知名醫學院學生，在美國人資領域數一數二的學校修讀碩士，曾經南部某產業的龍頭企業約她面試，當時是該公司人資主動到網路人力銀行撈出她的履歷，因此，她理所當然地以為對方即使沒有細讀或拜讀她的履歷自傳，也該有速讀過吧。

誰知，面試當天才知道對方根本是不知所云，不知所需，不知所想，不知所以然。所有問題都是狀況題，例如：妳是學心理的，妳可以猜出誰是妳未來的主管？妳可以猜出我們心裡會不會錄取妳嗎？妳知道我們接下來要問妳什麼問題嗎？

阿紫心裡暗罵著：「心理學又不是算命。讀心理學也不是會懂你我他甲乙丙ABC的心裡。心裡不是心裡，心理是心理。混搭的問題就是白搭。」

白搭的面試或許會不斷發生，誰遇上了，怎樣搭，就只能見招拆招，沒招，就耍花招。

別感慨你花了快二十年求學，花了四十幾個小時寫履歷，花了一百多天找工作，而第一份工作面試竟然要你用三分鐘自我介紹。很多時候，他們快問，你就快答，他們瞎問，你就瞎答。如果真遇到十秒鐘介紹自己，你就是要像是7-11喊服務口號「你方便的好鄰居」，用簡短有利的推銷詞說明。如果你一向是考試常勝軍，那你就快速細數自己披荊斬棘、過關斬將的豐功偉業；如果你是「運動型企管系」學生，那就多運用運動話術強調如何團隊合作與建立領導特質。

幸運的是，通常很少公司真的會要一個應徵者用十秒鐘自我

介紹。多數企業都是用「簡單的」代替一個具體數據。這時，解讀「簡單」，就變成你的第一步。如果面試官一進來就拉哩拉雜、劈哩啪啦、稀哩嘩啦、嘰哩呱啦，能這樣會東扯西扯，天南地北，這種面試官定義的「簡單」就不是太嚴厲。相反地，如果面試官一進來就把手錶取下放在桌上，或是挑了一個能看得到牆上時鐘的位置坐，即使他也是說「請你簡單的介紹自己」，你就要挑重點說，像是倒三角一樣，把自己最大值的職場能力從大到小好好說，因為從大到小開始講，即使中途被打斷，你該說的也應該已經說了。

帶走一片初衷，留下一句好話

　　既然在職時都能夠忍氣吞聲，淚水往肚裡吞，離職時也犯不著逞一時口舌之快，罵聲連連。很多人覺得要離職了，就沒必要再壓抑。其實，留得青山在，實在是不怕沒柴燒，加上現在水土保育不佳，土石流嚴重，能為自己留住一顆樹，就不要給自己砍木柴搭棺材。

　　再說，網路把世界拉小了，台灣百大企業就那幾家，那些人力資源部門主管彼此都是學長姊或學弟妹，互通有無是常有的事，自己小心別被暗暗地設了黑名單，但到時候是求告無門，求生無路。

　　有個朋友他自覺工作好端端，卻被硬生生開除。說了是他自我感覺良好，因為認識他的都知道他把服務業與製造業的工作都當作是「漁業或牧業」，在工作上不是偷雞摸狗，就是混水摸魚，但是身為朋友不好太過直接說他。真有那麼一天，他被開除了，其實大家都覺得：別說老闆沒在看，人在做，天在看，總有一天會被砍，這是很正常的。

　　當他忿忿不平地破口大罵時：「什麼爛公司，就是會欺負新人，裁員就拿新人開刀，不敢得罪老人……」

　　誰不是罵人時都是挑別人毛病，別忘了，很多公司老前輩都是「功在黨國」的。再說，多數企業都是營利單位，不是慈善機構，實在不會跟利益與績效過不去，會被砍的那些人通常有「貢獻度」問題。

有個好友聽他這樣罵，順勢就說：「你明天上班反正是最後一天，就去大罵特罵他們的不是，罵到你開心為止。」

　　這時，卻有另一個聲音提醒他：「明天你去上班時，要抱著你當時面試時的那份熱忱，好好地跟大家說說話，特別是你的主管，你更是要好好地向他道聲謝謝。」

　　這不是簡單的事情。但是，幸好他那一陣罵沒有罵掉最後一絲理智，當他跟他的主管說：「謝謝您給我這個工作機會，我在這裡學習到很多，在下一份工作上，我會做得更出色。」

　　故事發展到這裡，你可以期待後來他的前主管為他推薦了下一個工作，你也可以假設他的前主管後來又讓他回鍋了。

　　離職時的溝通是給自己打期末成績。你不可以自己給自己斷後路。再大的情緒，可以另找出口，就是不要在職場上吐一口怨氣。絕對不要惡言相向，因為一旦你這麼做了，你過去所有的功勞、苦勞、外勞（很多人都有這種隱性外勞的經驗），不只會被一筆勾銷，還加上罪狀一筆。

　　說到底，當它發生了，就是發生了。覆水難收、口水難吞、淚水難乾。

　　不管哪個指標性雜誌排名「大學生最愛企業家」、「求職者最想進的10大公司」，好企業就是那家你混得好的，爛公司就是那家你混得爛的。不是公司好不好，而是個人混得好不好，因人而異。

　　辭職之後，或許會有很多未知數，那未知數可能是未知的大好，也可能是未知的大壞，也可能是不好不壞。辭職不是意氣用

事，而是想更努力做事，所以短暫的低潮終將因為個人對未來的高度期待而被提升起來。放手一搏前總是要鬆手離開！

如果正處在一個爛工作，請試著去改變。如亞馬遜總裁所言：「失敗了，我不會後悔；連試都不試，才會讓我後悔。」

"I knew that if I failed I wouldn't regret that, but I knew the one thing I might regret is not trying." —— Jeff Bezos, Amazon CEO

QUIT 心法：淡然不黯然的離職

QUIT心法		
Q	QUIET 平靜	如果離職是最後一條路，就平靜地面對，只是換個工作而已，不需要情緒太過波動。逞一時之快常常會惹一世之痛，不要因小失大。
U	USUAL 平常	離職跟求職一樣，都是常態，不需要否定自己或是公司，只是你們彼此不合適，天無絕人之路，路是自己走出來的，只要出路，就能找到另一條路。
I	IGNORE 忽略	記取教訓，學習經驗，然後讓過去成為過去，不要背負一個不好的工作經驗到下一份工作上。
T	THANK 感激	心存感謝這個當時給你機會的公司，即使是不歡而散，也要各自祝福，畢竟職場上風水輪流轉，山水有相逢。

給新手老闆的
創新✕創意的
創業成功SOP

一開始創業
就做對 ☑

世界華人八大
明師亞洲首席 **王擎天** 博士／著

定價／**380**元

還要讓創業只是停留在想想而已嗎？
從創意到創業，沒你想的那麼難
本書告訴你創業前，你最該想的是什麼？
公開內行人才知道的核心觀念和成功祕訣，
幫助你勇敢走出辦公室，創業當老闆！！

擁有本書，等於擁有一位私人的創業顧問，
你還在等什麼？

采舍國際
www.silkbook.com

創見文化

國家圖書館出版品預行編目資料

小白領職場夾殺求生術 / 陳青 作. -- 初版. -- 新北市：
創見文化, 2014.07　面；　公分

ISBN 978-986-271-521-5 (平裝)

1.職場成功法

494.35　　　　　　　　　　　　103011610

小白領 職場
夾殺求生術

創見文化 · 智慧的銳眼

小白領職場夾殺求生術

作　　者 ▶ 陳 青
總 編 輯 ▶ 歐綾纖
文字編輯 ▶ 蔡靜怡
美術設計 ▶ 吳佩真

本書採減碳印製流程
並使用優質中性紙
（Acid & Alkali Free）
最符環保需求。

郵撥帳號 ▶ 50017206 采舍國際有限公司（郵撥購買，請另付一成郵資）
台灣出版中心 ▶ 新北市中和區中山路2段366巷10號10樓
電　　話 ▶ （02）2248-7896　　　　傳　　真 ▶ （02）2248-7758
I S B N ▶ 978-986-271-521-5
出版日期 ▶ 2014年8月

全球華文國際市場總代理 ▶ 采舍國際
地　　址 ▶ 新北市中和區中山路2段366巷10號3樓
電　　話 ▶ （02）8245-8786　　　　傳　　真 ▶ （02）8245-8718

新絲路網路書店
地　　址 ▶ 新北市中和區中山路2段366巷10號10樓
電　　話 ▶ （02）8245-9896
網　　址 ▶ www.silkbook.com

創見文化 facebook https://www.facebook.com/successbooks

本書於兩岸之行銷（營銷）活動悉由采舍國際公司圖書行銷部規畫執行。

線上總代理 ■ 全球華文聯合出版平台 www.book4u.com.tw
主題討論區 ■ http://www.silkbook.com/bookclub　　● 新絲路讀書會
紙本書平台 ■ http://www.silkbook.com　　● 新絲路網路書店
電子書平台 ■ http://www.book4u.com.tw　　● 華文電子書中心

Ⓑ 華文自資出版平台
www.book4u.com.tw
elsa@mail.book4u.com.tw
ying0952@mail.book4u.com.tw

全球最大的華文自費出版集團
專業客製化自助出版·發行通路全國最強！